全国高职高专园林类专业规划教材
国家骨干高等职业院校项目建设成果
安徽省高等学校省级质量工程项目成果

园林造景综合实习指导书

宋朝伟　主编

王琳琳　高　鹏　兰　伟　副主编

陈龙清　主审

科学出版社

北京

内 容 简 介

本书是阜阳职业技术学院国家骨干高等职业院校项目建设成果之一。

本书以园林造景艺术参观实习指导为基本出发点，对江南地区著名私家园林、风景名胜和城市景观绿地的景点营造与特色景观进行全面分析与鉴赏，旨在有效拓展学生的专业视野，快速提升其园林艺术赏析及景观设计的职业素养。

本书内容涉及苏州、扬州、镇江、无锡、南京、杭州6个重要园林城市；涵盖了拙政园、留园、狮子林、网师园、何园、个园、蠡园、瞻园等江南私家名园，虎丘山风景名胜区、瘦西湖风景名胜区、金山风景名胜区、焦山风景名胜区、北固山风景名胜区、鼋头渚风景名胜区、钟山风景名胜区、西湖风景名胜区等著名风景园林，蠡湖风景区、西溪国家湿地公园等城市景观绿地；包括了私家园林、寺庙园林、自然山水园林、山岳风景园林、湖上风景园林、皇家陵墓园林、城市景观园林等多种类型。本书内容丰富，文字精练，可读性强，配置高清图片1620余幅，非常利于读者进行艺术鉴赏。

本书适合作为高职高专园林、园艺及环境艺术设计等专业的教材，也可以作为景观设计师、园林工作人员以及旅游管理从业人员的参考用书。

图书在版编目（CIP）数据

园林造景综合实习指导书 / 宋朝伟主编 . —北京： 科学出版社，2015
（全国高职高专园林类专业规划教材·国家骨干高等职业院校项目建设成果·安徽省高等学校省级质量工程项目成果）
ISBN 978-7-03-045809-4

Ⅰ．①园… Ⅱ．①宋… Ⅲ．①园林植物－景观设计 Ⅳ．① TU986.2

中国版本图书馆CIP数据核字（2015）第227326号

责任编辑：李 欣 / 责任校对：陶丽荣
责任印制：吕春珉 / 封面设计：曹 来

科 学 出 版 社 出版

北京东黄城根北街16号
邮政编码：100717
http://www.sciencep.com

三河市骏杰印刷有限公司印刷
科学出版社发行 各地新华书店经销

＊

2016年3月第 一 版 开本：787×1092 1/16
2016年3月第一次印刷 印张：20
字数：457 000

定价：69.00元
（如有印装质量问题，我社负责调换〈骏杰〉）

销售部电话 010-62136230 编辑部电话 010-62135120-2025（VA03）

阜阳职业技术学院
国家骨干高等职业院校项目建设成果
园艺技术专业系列教材编委会

主　任：鹿　琳　田　莉

副主任：王　平　王　峰　龚雪梅

委　员：陈毛华　张晓玮　宋朝伟　李东林　尹　恩

　　　　唐艳梅　葛三建　邓　坤　金继良

《园林造景综合实习指导书》
编写人员名单

主　编：宋朝伟（阜阳职业技术学院）

副主编：王琳琳（阜阳职业技术学院）

　　　　高　鹏（阜阳职业技术学院）

　　　　兰　伟（阜阳师范学院）

参　编：李　琳（阜阳职业技术学院）

　　　　韩亚超（阜阳职业技术学院）

　　　　何礼华（杭州天香园林股份有限公司）

主　审：陈龙清（华中农业大学）

前　言

基于走出校园、拓展眼界，置身园林、感悟造景，放眼名胜、提升素养的多重目的，根据专业人才培养方案，阜阳职业技术学院园艺、园林专业学生到苏州、扬州、镇江、无锡、南京、杭州等城市经典园林或风景名胜，已连续十余年进行为期2周的园林造景综合实习专项活动。

"园林造景综合实习"是与"园林艺术赏析""园林植物造景""盆景赏析与创作""园林景观设计"等课程相结合的一门综合性实践教学课程。通过实习，学生亲身体悟到融汇美学、诗词、绘画、书法、碑刻及音乐、戏曲与文化等多种艺术形式于一体的园林艺术的博大精深和无穷魅力，亲身体验到主次、顾盼、透漏、框取、虚实、对比、层次、远近、俯仰、因借、点题、四时、朦胧及韵律、意境与景深等多种造景艺术手法的无穷变化和美妙景致，体察到古树名木、高冠乔木、攀援藤木、观花灌木及时令花卉、优良地被等不同类型园林植物的形态特征与观赏特性，真实体会到园林植物与山石、水体、建筑、园路及小品等各种园林要素进行组合造景的方式、方法和要领。

本书内涵丰富，涉及苏州、扬州、镇江、无锡、南京、杭州6个重要园林城市；涵盖了拙政园、留园、狮子林、网师园、何园、个园、蠡园、瞻园等江南私家名园，虎丘山风景名胜区、瘦西湖风景名胜区、金山风景名胜区、焦山风景名胜区、北固山风景名胜区、鼋头渚风景名胜区、钟山风景名胜区、西湖风景名胜区等著名风景园林，蠡湖风景区、西溪国家湿地公园等城市景观绿地；同时，包括私家园林、寺庙园林、自然山水园林、山岳风景园林、湖上风景园林、皇家陵墓园林、城市景观园林等多种类型。本书内容丰富，文字精练，可读性强，配置高清图片1620余幅，非常利于学生的艺术鉴赏。

本书由阜阳职业技术学院宋朝伟副教授主编，阜阳职业技术学院王琳琳、高鹏，阜阳师范学院兰伟任副主编，阜阳职业技术学院李琳和韩亚超、杭州天香园林股份有限公司何礼华等参与了编写工作。具体分工如下：宋朝伟负责前言、实习计划、1苏州篇、2扬州篇；王琳琳负责3镇江篇；高鹏负责4无锡篇；兰伟负责5南京篇中5.1钟山风景名胜区部分；韩亚超负责5南京篇中5.2瞻园部分；李琳负责6杭州篇中6.1西湖风景名胜区部分；何礼华负责6杭州篇中6.2西溪国家湿地公园部分。全书由宋朝伟负责统稿，华中农业大学陈龙清教授主审。

本书编写过程中参考了有关著作，部分图片资料来源于网络，未一一注明，敬请谅解，在此，谨向有关专家、学者、单位致谢。由于编写任务重，时间紧，编者水平有限，书中不妥之处，敬请广大读者批评指正。

编　者
2015年5月

目　录

实习计划

1. 实习时间

计划 60 学时，集中 2 周时间，一般适宜于春季 4 月中下旬安排。

2. 实习地点

苏州（拙政园、留园、狮子林、网师园、虎丘山风景名胜区）；扬州（瘦西湖风景名胜区、何园、个园）；镇江（金山风景名胜区、焦山风景名胜区、北固山风景名胜区）；无锡（鼋头渚风景名胜区、蠡湖风景区）；南京（钟山风景名胜区、瞻园）；杭州（西湖风景名胜区、西溪国家湿地公园）等。

3. 实习学生

园林技术、园艺技术、园林工程技术专业二年级学生，分组实习，每小组 3～5 人。

4. 实习指导

"园林艺术赏析""园林植物造景""盆景欣赏与创作""园林景观设计""园林建筑设计""园林植物识别""园林绘画表现""园林工程制图"等相关课程校内外实习指导教师。

5. 实习目标

通过对园林造景艺术赏析的专项实习，学生亲身体悟融汇美学、诗词、绘画、书法、碑刻及音乐、戏曲与文化等多种艺术形式于一体的园林艺术的博大精深和无穷魅力，亲身体验主次、顾盼、透漏、框取、虚实、对比、层次、远近、俯仰、因借、点题、四时、朦胧及韵律、意境与景深等多种造景艺术手法的无穷变化和美妙景致。通过对园林植物资源及造景应用调查的专项实习，使学生亲身体察古树名木、高冠

乔木、攀援藤木、观花灌木以及时令花卉、优良地被等不同类型园林植物的形态特征与观赏特性，真实体会园林植物与山石、水体、建筑、园路以及小品等各种园林要素进行组合造景的方式、方法和要领。通过对园林小景观手绘表现与景点实测的专项实习，使学生切实掌握风景园林手绘的表现技法，并有效提高其园林测绘制图的专业能力。

6. 实习任务（以拙政园为例）

实习地点	实习时间	实习内容	实习任务	实习学生	实习指导	备 注
拙政园	上午	园林植物资源及造景应用调查	东部园区植物资源及造景应用调查（完成调查统计表）	第1小组		
			中部园区植物资源及造景应用调查（完成调查统计表）	第2小组		
			西部园区植物资源及造景应用调查（完成调查统计表）	第3小组		
			全园古树名木资源及造景应用调查（完成调查统计表）	第4小组		
			全园特色花木资源及造景应用调查（完成调查统计表）	第5小组		
		园林造景艺术赏析	造景艺术手法赏析（至少10景/小组，3~5张图片/手法，配简要文字说明）	第1小组		
			园林小品艺术赏析（至少10景/小组，1~3张图片/景，配简要文字说明）	第2小组		
			园林建筑艺术赏析（至少10景/小组，1~3张图片/景，配简要文字说明）	第3小组		
			山石布置艺术赏析（至少10景/小组，1~3张图片/景，配简要文字说明）	第4小组		
			花木造景艺术赏析（至少10景/小组，1~3张图片/景，配简要文字说明）	第5小组		

实习地点	实习时间	实习内容	实习任务	实习学生	实习指导	备 注
拙政园	下午	园林景点实测	建筑景点实测（至少2景/小组，1～2张图纸/景，配平面、立面图）	第1小组		
			园林小品景点实测（至少2景/小组，1～2张图纸/景，配平面、立面图）	第2小组		
			山水景点实测（至少2景/小组，1～2张图纸/景，配平面、立面图）	第3小组		
			景墙园门实景测绘（至少2景/小组，1～2张图纸/景，配平面、立面图）	第4小组		
			山石花木实景测绘（至少2景/小组，1～2张图纸/景，配平面、立面图）	第5小组		
		园林景观手绘表现	建筑景观手绘表现（至少2景/小组，彩铅表现，配简要文字说明）	第1小组		
			山石景观手绘表现（至少2景/小组，彩铅表现，配简要文字说明）	第2小组		
			庭院景观手绘表现（至少2景/小组，彩铅表现，配简要文字说明）	第3小组		
			花木景观手绘表现（至少2景/小组，彩铅表现，配简要文字说明）	第4小组		
			园门景观手绘表现（至少2景/小组，彩铅表现，配简要文字说明）	第5小组		

7．实习要求

（1）要求实习单位高度重视，精心组织，明确责任，保证实习工作顺利进行。

（2）要求实习指导教师精心组织，细心准备，严格要求学生，认真完成实习指导任务。

（3）要求实习学生态度端正，严格遵守实习纪律，爱护花木与文物，行为举止文明，认真完成各项实习任务，保证实习成果及时提交。

8．实习成果

（1）园林植物资源及造景应用调查统计表。
（2）古树名木资源调查统计表。
（3）园林造景艺术图片展（图文结合）。
（4）园林景点实测图纸。
（5）园林景观手绘表现作品集。
（6）综合实习总结报告。

9．实习评价

依据实习态度（20%）、实习纪律（10%）、实习成果（50%）、实习报告（20%）等评价项目及标准，按照优秀（90分以上）、良好（80～89分）、中等（70～79分）、及格（60～69分）、不及格（60分以下）5级综合评价体系，由实习指导教师组对每小组的每位同学客观地进行实习考核评价。

1

苏州篇

　　苏州园林，起始于春秋时期吴国建都姑苏时，形成于五代，成熟于宋代，兴旺鼎盛于明清，是中国私家园林的代表，其中拙政园、留园、狮子林、网师园和环秀山庄等，以意境深远、构筑精致、艺术高雅、文化内涵丰富而成为苏州古典园林的典范。1997年，苏州古典园林作为中国园林的代表被列入《世界遗产名录》，被胜誉为"咫尺之内再造乾坤"，并使苏州素有"人间天堂"的美誉。

　　苏州园林，一向被称为"文人园林"，在设计构筑中，采用因地制宜，借景、对景、分景、隔景等手法来组织空间，造成园林中曲折多变、小中见大、虚实相间的景观艺术效果。通过叠山理水，栽植花木，配置园林建筑，形成充满诗情画意的文人写意山水园林。

　　苏州园林吸收了江南园林建筑艺术的精华，是中国优秀的文化遗产。苏州园林善于把有限空间巧妙地组成变幻多端的景致，结构上以小巧玲珑取胜。苏州园林是时间的艺术、历史的艺术。园林中大量的匾额、楹联、书画、雕刻、碑石、家具、摆件等，无一不是点缀园林的精美艺术品，无不蕴含着中国古代哲理观念、文化意识和审美情趣。

1.1 拙政园

1.1.1 园林概况

拙政园（www.szzzy.cn），占地 78 亩（约合 5.2 公顷），是苏州现存最大的古典园林。全园以水为中心，山水萦绕，亭榭精美，花木繁茂，充满诗情画意，具有浓郁的江南水乡特色。花园分为东、中、西三部分，东花园开阔疏朗，中花园是全园精华所在，西花园建筑精美，各具特色。园南为住宅区，体现典型江南民居多进的格局（图 1-1-1-1）。

图1-1-1-1　拙政园游览图

拙政园始建于明正德四年（1509）。因官场失意而还乡的御史王献臣，以大弘寺址拓建为园，取晋代潘岳《闲居赋》中"灌园鬻蔬，以供朝夕之膳……此亦拙者之为政也"意，名为"拙政园"。中亘积水，浚治成池，弥漫处"望若湖泊"。园多隙地，缀为花圃、竹丛、果园、桃林，建筑物则稀疏错落，共有堂、楼、亭、轩等三十一景，形成一个以水为主、疏朗平淡、近乎自然风景的园林，"广袤二百余亩，茂树曲池，胜甲吴下"。

明崇祯四年（1631），园东部荒地十余亩为刑部侍郎王心一购得。王善画山水，悉心经营，布置丘壑，于崇祯八年（1635）落成，名"归田园居"，中有秋香馆、芙蓉榭、

泛红轩、兰雪堂、漱石亭、桃花渡、竹香廊、啸月台、紫藤坞、放眼亭诸胜，荷池广四五亩，墙外别有家田数亩。

清同治十年（1871），南皮张之万任江苏巡抚时，居拙政园。张能书画，经营修治，渐复旧观。有远香堂、兰畹、玉兰院、柳堤、东廊、枇杷坞、水竹居、菜花楼、烟波画舫、芍药坡、月香亭、最宜处诸胜，绘有《吴园图》十二册。

清光绪三年（1877），吴县富商张履谦购得西部花园（汪姓宅园），易名为"补园"。经大加修葺，遂有塔影亭、留听阁、浮翠阁、笠亭、与谁同坐轩、宜两亭等胜景，又新建了精致绮丽的卅六鸳鸯馆、十八曼陀罗花馆。

1937年，日本侵略军飞机几度轰炸苏州。拙政园内到处亭阁倾圮，枯苇败荷，十分荒凉。

1951年，苏州文管部门延请专家名匠，规划整治，山、水、桥、亭、厅、堂、墙、门，务期按原样修复。1952年，整修后的拙政园中部花园和西部花园正式开放。1959年，东部花园进行大规模修建，新建了大门、芙蓉榭、涵青亭、秋香馆等。拙政园中、西、东三部重合而为一，成为完整统一而又各有特色的名园。

1961年，拙政园被国务院列为全国第一批重点文物保护单位，与北京颐和园、承德避暑山庄、苏州留园一起被誉为中国四大名园。

1997年，拙政园与留园、网师园、环秀山庄正式被联合国教科文组织批准列入《世界遗产名录》。

2007年，拙政园被国家旅游局评为首批5A级旅游景区（图1-1-1-2）。

图1-1-1-2　拙政园远借北寺塔景观

1.1.2 景点赏析

1. 缀云峰

缀云峰位于兰雪堂之北，山峰高耸在绿树竹荫中，山西北双峰并立，取名"联璧"。缀云峰、联璧峰为归园田居的园中景点。缀云峰的形态自下而上逐渐壮大，其巅尤伟，如云状，岿然独立，旁无支撑，此峰苔藓斑驳，藤蔓纷披，不乏古意（图1-1-2-1）。

2. 芙蓉榭

芙蓉榭一半建在岸上，一半伸向水面，凌空架于水波上，伫立水边、秀美精巧。此榭面临广池，是夏日赏荷的好地方（图1-1-2-2和图1-1-2-3）。

图1-1-2-2　拙政园芙蓉榭内风景置石景观

图1-1-2-3　拙政园芙蓉榭景观

图1-1-2-1　拙政园缀云峰障景景观

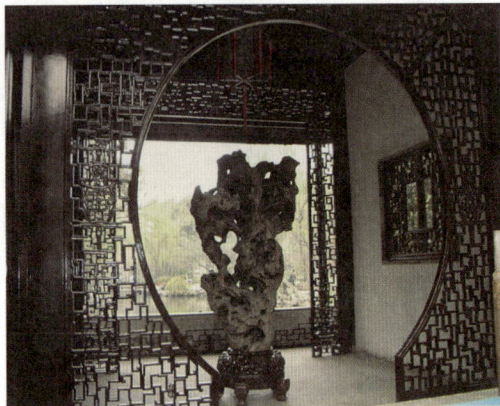

3. 天泉亭

天泉亭为重檐八角亭，出檐高挑，外部形成回廊，庄重质朴，围柱间有坐槛。四周草坪环绕，花木扶疏。亭北平岗小坡，林木葱郁。亭子之所以取"天泉"这个名字，是因为亭内有口古井，相传为元代大宏寺遗物。此井终年不涸，水质甘甜，因而被称为

"天泉"（图 1-1-2-4）。

4．秫香馆

秫香，指稻谷飘香。此处以前墙外皆为农田，丰收季节，秋风送来一阵阵稻谷的清香，令人心醉，因此得名。秫香馆为东部的主体建筑，面水隔山，室内宽敞明亮，长窗裙板上的黄杨木雕，共有 48 幅，雕镂精细，层次丰富，栩栩如生。落地长窗加上精致的裙板木雕，把秫香馆装点得古朴雅致，别有情趣（图 1-1-2-5）。

图1-1-2-4　拙政园天泉亭景观

图1-1-2-5　拙政园秫香馆景观

5．涵青亭

涵青亭居于一隅，空间范围比较逼仄。整座亭子犹如一只展翅欲飞的凤凰，给本来平直、单调的墙体增添了飞舞的动势。斜倚亭边美人靠，天光云影，水间锦鲤遨游，荷莲轻荡（图 1-1-2-6）。

图1-1-2-6　拙政园涵青亭景观

6. 听雨轩

听雨轩在嘉实亭之东，与周围建筑用曲廊相接。轩前一泓清水，植有荷花；池边有芭蕉、翠竹，听雨轩后也种植一丛芭蕉，前后相映。这里芭蕉、翠竹、荷叶都有，无论春夏秋冬，雨点落在不同的植物上，加上听雨人的心态各异，就能听到各具情趣的雨声，境界绝妙，别有韵味（图1-1-2-7和图1-1-2-8）。

图1-1-2-7　拙政园听雨轩景观

图1-1-2-8　拙政园听雨轩庭园景观

7. 玉兰堂

玉兰堂是一处独立封闭的幽静庭院。玉兰堂高大宽敞，院落小巧精致。南墙高耸，好似画纸，墙上藤草作画，墙下筑有花坛，植天竺和竹丛，配湖石数峰，玉兰和桂花，色香宜人。玉兰堂曾名"笔花堂"，与文徵明故居中的"笔花堂"同名。"梦笔生花"也是古时文人对创作灵感的一种追寻。在此读书作画，实是人生的莫大享受（图1-1-2-9）。

图1-1-2-9　拙政园玉兰堂前庭园景观

8. 海棠春坞

玲珑馆东侧花墙分隔的独立小院是海棠春坞。造型别致的书卷式砖额，嵌于院之南墙。院内有海棠两株，初春时分万花似锦，娇羞如小家碧玉，秀姿艳质。庭院地面用青红白三色鹅卵石镶嵌而成海棠花纹，与海棠花相呼应。庭院虽小，清静幽雅，是读书休憩的理想之所（图 1-1-2-10）。

图1-1-2-10　拙政园海棠春坞庭园景观

9. 远香堂

远香堂为四面厅，是拙政园中部的主体建筑，建于原若墅堂的旧址上，为清乾隆时所建，青石屋基是当时的原物。它面水而筑，面阔三间。堂北平台宽敞，池水清澈。堂名因荷而得。夏日池中荷叶田田，荷风扑面，清香远送，是赏荷的佳处。园主借花自喻，表达了园主高尚的情操。堂内装饰透明玲珑的玻璃落地长窗，规格整齐，由于长窗透空，四周景物尽收眼底。室内陈设典雅精致（图 1-1-2-11 和图 1-1-2-12）。

图1-1-2-11　拙政园远香堂室内陈设景观

图1-1-2-12　拙政园远香堂侧立面造型景观

10. 松风水阁

松、竹、梅在中国传统文化中被称作"岁寒三友"。松树经寒不凋，四季常青，古人将之喻有高尚的道德情操者。松之苍劲古拙的姿态常被绘入图中，是中国园林的主要树种之一。松风水阁又名"听松风处"，是看松听涛之处，有风拂过，松枝摇动，松涛作响，色声皆备，是别有风味的一处景观（图1-1-2-13）。

图1-1-2-13　拙政园松风水阁建筑景观

图1-1-2-14　拙政园梧竹幽居亭建筑景观

11. 梧竹幽居

建筑风格独特、构思巧妙别致的梧竹幽居是一座亭，为拙政园中部池东的观赏主景。此亭背靠长廊，面对广池，旁有梧桐遮阴、翠竹生情。亭的绝妙之处还在于四周白墙开了四个圆形洞门，洞环洞，洞套洞，在不同的角度可看到重叠交错的分圈、套圈、连圈的奇特景观。四个圆洞门通透、采光、雅致，又形成了四幅花窗掩映、小桥流水、湖光山色、梧竹清韵的美丽框景画面，意味隽永。"梧竹幽居"匾额为文徵明题（图1-1-2-14）。

12. 雪香云蔚亭

雪香，指梅花。云蔚，指花木繁盛。雪香云蔚亭又称冬亭。此亭适宜早春赏梅，亭旁植梅，暗香浮动，周围竹丛青翠，林木葱郁，绕溪盘行，颇有城市山林的趣味。亭为长方形，在池中西部土山上，外观质朴而轻快（图1-1-2-15和图1-1-2-16）。

图1-1-2-15　拙政园雪香云蔚亭远景

图1-1-2-16　拙政园雪香云蔚亭近景

13．香洲

香洲为"舫"式结构，有两层楼舱，通体高雅而洒脱，其身姿倒映水中，更显得纤丽而雅洁。香洲寄托了文人的理想与情操。古时常以香草来比喻清高之士，此处以荷花景观来寓意香草。香洲造型极为美观，线条柔和起伏，比例大小得当，站在船头，四周开敞明亮，满园秀色，令人心爽。烈日酷暑，此地却荷风阵阵，举目清凉（图 1-1-2-17）。

图1-1-2-17　拙政园香洲景观

14．小飞虹

小飞虹是苏州园林中极为少见的廊桥。朱红色桥栏倒映水中，水波粼粼，宛若飞虹，故以为名。古人以虹喻桥，用意绝妙。它不仅是连接水面和陆地的通道，而且构成了以桥为中心的独特景观，是拙政园的经典景观（图 1-1-2-18 和图 1-1-2-19）。

图1-1-2-18　拙政园小飞虹景观之一

图1-1-2-19　拙政园小飞虹景观之二

图1-1-2-20 拙政园荷风四面亭景观

15．荷风四面亭

荷风四面亭因荷而得名，坐落在园中部池中小岛，四面皆水，莲花亭亭净植，岸边柳枝婆娑。亭单檐六角，四面通透，亭中有抱柱联："四壁荷花三面柳；半潭秋水一房山。"春柳轻，夏荷艳，秋水明，冬山静，荷风四面亭不仅最宜夏暑，而且四季皆宜。若从高处俯瞰荷风四面亭，但见亭出水面，飞檐出挑，红柱挺拔，基座玉白，分明是满塘荷花怀抱着的一颗光灿灿的明珠（图1-1-2-20）。

16．见山楼

此楼三面环水，两侧傍山，底层被称作"藕香榭"，沿水的外廊设吴王靠，小憩时凭靠可近观游鱼，中赏荷花，远则园内诸景如画一般地在眼前缓缓展开。上层为见山楼，取自陶渊明名句"采菊东篱下，悠然见南山"（图1-1-2-21和图1-1-2-22）。

图1-1-2-21 拙政园见山楼景观

图1-1-2-22 拙政园见山楼室内陈设景观

此楼高敞，可将中园美景尽收眼底。春季满园新翠，姹紫嫣红；夏日清风徐来，荷香阵阵；秋天池畔芦荻迎风，寒意萧瑟；冬时满屋暖阳，雪景宜人。见山楼高而不危，耸而平稳，与周围的景物构成均衡的图画。

17．与谁同坐轩

小亭非常别致，修成折扇状。苏东坡有词"与谁同坐？明月、清风、我"，故名"与谁同坐轩"。轩依水而建，平面形状为扇形，屋面、轩门、窗洞、石桌、石凳及轩顶、灯罩、墙上匾额、半栏均成扇面状，故又称作扇亭。人在轩中，无论是倚门而望，凭栏远眺，还是依窗近观，小坐歇息，均可感到前后左右美景不断（图1-1-2-23）。

图1-1-2-23 拙政园与谁同坐轩景观

18. 波形水廊

在西花园与中花园交界处的一道水廊，是别处少见的佳构。从平面上看，水廊呈"L"形环池布局，分成两段，临水而筑：南段从别有洞天入口，到卅六鸳鸯馆止；北段止于倒影楼，悬空于水上。若远看水廊，便似长虹卧波，气势不凡（图1-1-2-24和图1-1-2-25）。

图1-1-2-24 拙政园波形水廊景观之一

图1-1-2-25 拙政园波形水廊景观之二

19. 倒影楼

倒影楼以观赏水中倒影为主。楼分两层，楼下是"拜文揖沈之斋"，文是指文徵明，沈是指沈周，这两位均是苏州著名的画家，沈周还是文徵明的老师。当年，西园园主张履谦为表达自己的景仰之情，于光绪二十年（1894）特建此楼以资纪念。可谓倒影如画，景色绝佳（图1-1-2-26和图1-1-2-27）。

图1-1-2-26　拙政园倒影楼景观

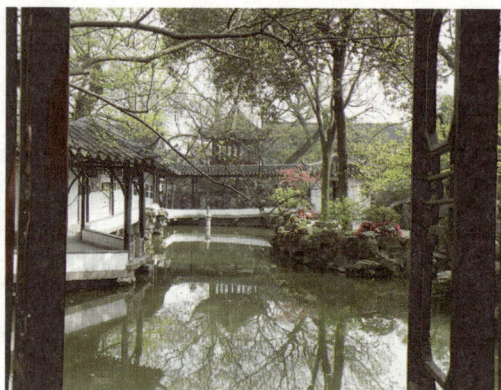

图1-1-2-27　拙政园倒影楼窗外景观

20．笠亭

在扇亭后的土山上还有一小亭，称笠亭。"笠"即箬帽，亭作浑圆形，顶部坡度较平缓，恰如一顶箬帽，掩映于枝繁叶茂的草树中，摒弃了一切装饰，朴素无华。山小亭微，搭配匀称，衬以亭前山水，俨然一戴笠渔翁垂钓，悠然自得（图1-1-2-28）。

图1-1-2-28　拙政园笠亭景观

21．宜两亭

在别有洞天靠左，叠有假山一座。沿假山上石径，有一座六角形的亭子位于山顶，这就是"宜两亭"。当年，拙政园的中园和西园分属两家所有，西园主人堆山筑亭，可以在亭中观赏到他十分羡慕的中园景色，而中园主人在中花园亦可眺望亭阁高耸的一番情趣，借亭入景，丰富景观，岂不妙哉！一亭宜两家，添景更添情，就这样，一段佳话造就了一个妙亭、一道风景（图1-1-2-29和图1-1-2-30）。

图1-1-2-29　拙政宜两亭周边景观

图1-1-2-30　拙政宜两亭匾额景观

22．卅六鸳鸯馆

　　西花园的主体建筑精美华丽，南部为"十八曼陀罗花馆"，北部名"卅六鸳鸯馆"。这是古建筑中的一种鸳鸯厅形式。南厅是十八曼陀罗花馆，宜于冬、春。曼陀罗花即山茶花。北厅因临池曾养三十六对鸳鸯而得名。卅六鸳鸯馆内顶棚采用拱形，既弯曲美观，遮掩顶上梁架，又利用这弧形屋顶来反射声音，增强音响效果，使得余音袅袅，绕梁萦回。此馆环境优雅，陈设古色古香，宜在此宴友、会客、听曲、休憩（图 1-1-2-31～图 1-1-2-33）。

图1-1-2-31　拙政卅六鸳鸯馆外部景观

图1-1-2-32　拙政卅六鸳鸯馆室内陈设景观

图1-1-2-33　拙政卅六鸳鸯馆室外鸳鸯戏水景观

23. 浮翠阁

浮翠阁为八角形双层建筑，高大气派，煞是引人注目。山上林木茂密，绿草如茵，建筑好像浮动于一片翠绿浓荫之上，故而得名。登阁眺望四周，但见山清水绿，天高云淡，满园青翠，一派生机盎然，令人心旷神怡，乐不思返（图1-1-2-34）。

图1-1-2-34　拙政浮翠阁景观

24. 留听阁

留听阁为单层阁，体型轻巧，四周开窗，阁前置平台，是赏秋荷听雨的绝佳处。阁内最值得一看的是清代银杏木立体雕刻松、竹、梅、鹊飞罩，刀法娴熟，技艺高超，构思巧妙，将"岁寒三友"和"喜鹊登梅"两种图案柔和在一起，是园林飞罩中不可多得的精品（图1-1-2-35和图1-1-2-36）。

图1-1-2-35　拙政留听阁室内景观之一

图1-1-2-36　拙政留听阁室内景观之二

1.1.3 特色景观

1. 杜鹃花节

每年春季，拙政园都要隆重举办一年一度的杜鹃花节。杜鹃花节既是拙政园的一项传统特色项目，也是被苏州市政府列入"苏州旅游节"的重点项目之一。杜鹃花节期间，将有数百种名贵杜鹃花展出。届时，拙政园内是莺歌燕舞，万紫千红，满目妖娆。不仅让游客在浓浓春意中领略游园的意趣，也让游客在山花烂漫中感受到拙政园这座城市山林的诗情画意（图1-1-3-1～图1-1-3-4）。

图1-1-3-1　拙政园杜鹃花组合景观之一

图1-1-3-2　拙政园杜鹃花组合景观之二

图1-1-3-3　拙政园杜鹃花组合景观之三

图1-1-3-4　拙政园杜鹃花室内盆花景观之一

2. 荷花旅游节

荷花旅游节依托拙政园宽阔的荷塘，以数百个品种的缸荷、碗莲及多种水生植物造景，渲染荷花香远益清的感官效果，营造夏日江南水乡的清凉意境。那时的拙政园内，到处是"青荷盖绿水，芙蓉披红鲜"的景象。在河堤绿荫下，在习习凉风中，拙政园成为游客赏荷的最佳去处，在拙政园观赏荷花展已成为苏州市民喜闻乐见的活

动，成为了一种"新民俗"（图 1-1-3-5～图 1-1-3-8）。

图1-1-3-5　拙政园荷花景观之一

图1-1-3-6　拙政园荷花景观之二

图1-1-3-7　拙政园荷花景观之三

图1-1-3-8　拙政园荷花景观之四

3. 菊花展

每年秋季，拙政园都将以菊花为主题举办反季菊花展。展中菊花，如彩球，似花灯，像礼花，团团簇簇、千姿百态的菊花，展示着超凡脱俗，孤标亮节，高雅傲霜的自然特质。游客在以疏朗自然风格著称的拙政园中赏菊，颇有一番"采菊东篱下，悠悠见南山"的闲情逸趣（图1-1-3-9～图1-1-3-12）。

图1-1-3-9　拙政园菊花景观之一

图1-1-3-10　拙政园菊花景观之二

图1-1-3-11　拙政园菊花景观之三

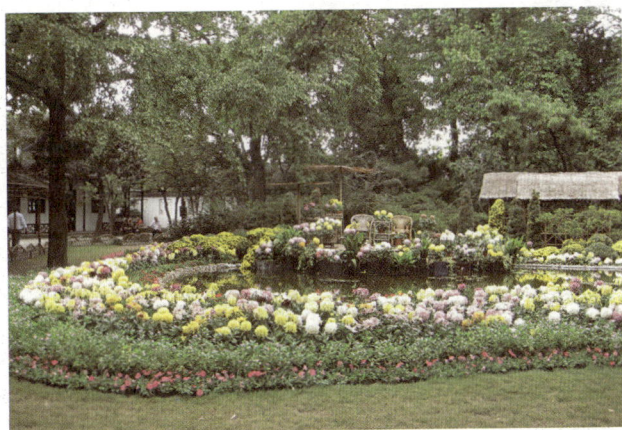

图1-1-3-12　拙政园菊花景观之四

4. 古树名木

在拙政园中，古树名木往往是"质""德""形""姿"合而为一，具有极高的审美

价值（图 1-1-3-13～图 1-1-3-16）。

图1-1-3-13　拙政园文徵明手植紫藤古木景观

图1-1-3-14　拙政园白木香古木景观

图1-1-3-15　拙政园枫杨古木景观

图1-1-3-16　拙政园木瓜古木景观

1.2 留园

1.2.1 园林概况

留园（www.gardenly.com）在苏州阊门外留园路338号，是中国四大名园之一。留园始建于明万历二十一年(1593)，为太仆寺少卿徐泰时的私家园林，时人称东园，其时东园"宏丽轩举，前楼后厅，皆可醉客"。瑞云峰"妍巧甲于江南"，由叠山大师周时臣所堆之石屏，玲珑峭削"如一幅山水横披画"。

清乾隆五十九年(1794)，园为吴县东山刘恕所得，因多植白皮松、梧竹，竹色清寒，波光澄碧，故更名"寒碧山庄"，俗称"刘园"。刘恕喜好书法名画，他将自己撰写的文章和古人法帖勒石嵌砌在园中廊壁。后代园主多承袭此风，逐渐形成今日留园多"书条石"的特色。刘恕爱石，治园时，他搜寻了十二名峰移入园内，并撰文多篇，记寻石经过，抒仰石之情。

同治十二年(1873)，园为常州盛康（旭人）购得，缮修加筑，于光绪二年(1876)完工，其时园内"嘉树荣而佳卉苗，奇石显而清流通，凉台燠馆，风亭月榭，高高下下，迤逦相属"。比昔盛时更增雄丽，因前园主姓刘而俗称"刘园"，盛康乃仿随园之例，取其音而易其字，改名留园，俞樾称其为"吴下名园之冠"。

1961年，留园被国务院列为首批全国重点文物保护单位。1997年12月，留园作为苏州古典园林典型例证，经联合国教科文组织批准，留园与拙政园、网师园、环秀山庄共同列入《世界遗产名录》。2010年4月，留园被国家旅游局列为国家5A级旅游区（点）（图1-2-1-1～图1-2-1-3）。

1.2.2 景点赏析

1. 古木交柯

"古木交柯"为留园十八景之一。南面庭院，靠墙筑有明式花台一个，正中墙面嵌有"古木交柯"砖匾一方，花台内植有柏树、云南山茶各一，仅二树、一台、一匾就形成一幅耐人寻味的画面，运用了传统国画中最简练的手法，化有为无，化实为虚，使整个空间显得干净利落，疏朗淡雅（图1-2-2-1）。

2. 花步小筑

明高启葵花诗："艳发朱光里，丛依绿荫边。"建筑西侧原有一株古枫，小轩笼罩在树荫下，故名。建筑似轩，硬山造，临水而筑，刘氏寒碧庄时已有。轩南庭院墙上

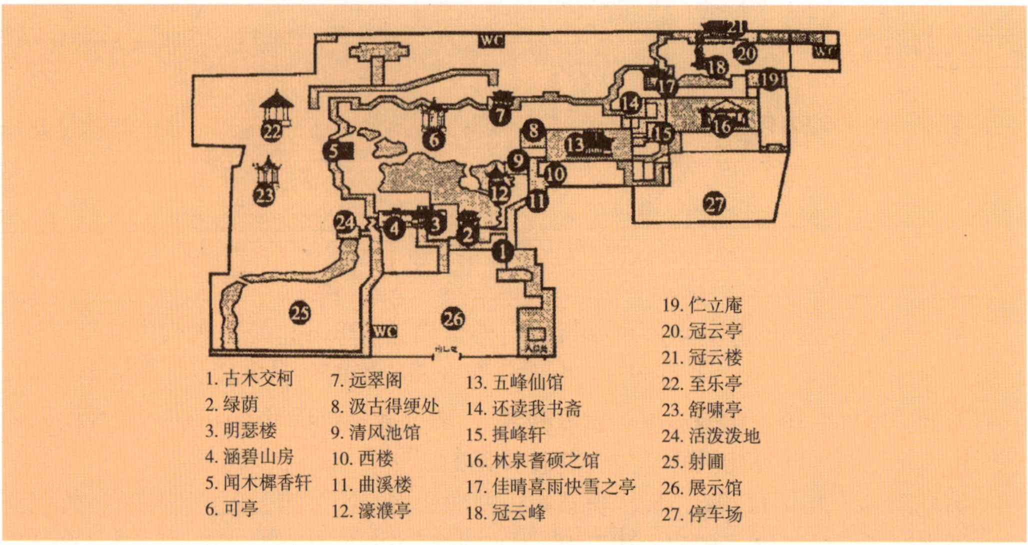

1. 古木交柯　　7. 远翠阁　　　13. 五峰仙馆　　19. 伫立庵
2. 绿荫　　　　8. 汲古得绠处　14. 还读我书斋　20. 冠云亭
3. 明瑟楼　　　9. 清风池馆　　15. 揖峰轩　　　21. 冠云楼
4. 涵碧山房　　10. 西楼　　　　16. 林泉耆硕之馆　22. 至乐亭
5. 闻木樨香轩　11. 曲溪楼　　　17. 佳晴喜雨快雪之亭　23. 舒啸亭
6. 可亭　　　　12. 濠濮亭　　　18. 冠云峰　　　24. 活泼泼地
　　　　　　　　　　　　　　　　　　　　　　　25. 射圃
　　　　　　　　　　　　　　　　　　　　　　　26. 展示馆
　　　　　　　　　　　　　　　　　　　　　　　27. 停车场

图1-2-1-1　苏州留园景点布局图

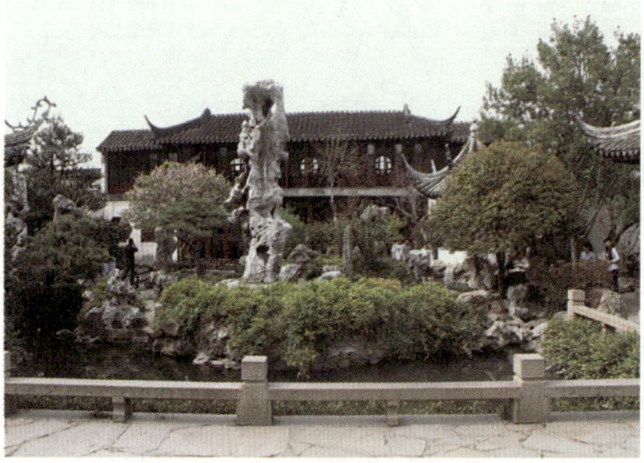

图1-2-1-2　苏州留园内部景观之一

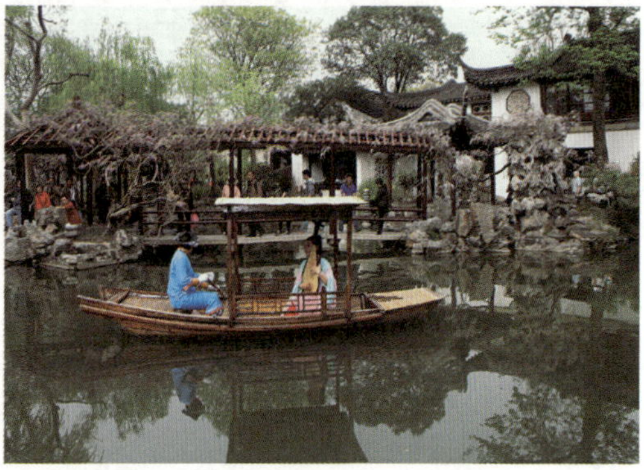

图1-2-1-3　苏州留园内部景观之二

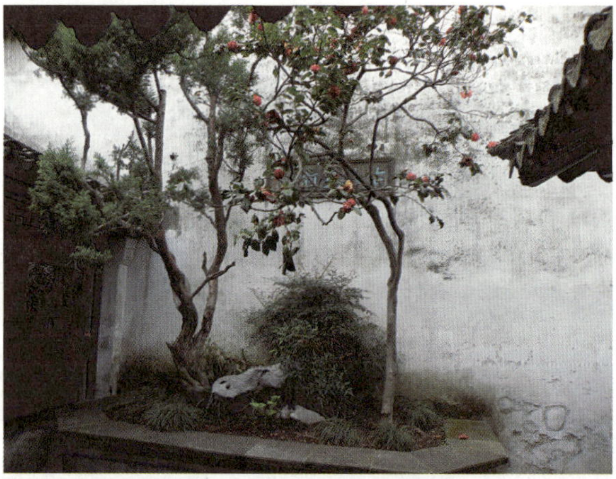

图1-2-2-1　苏州留园古木交柯景观

有石匾嵌于其上,钱大昕书"花步小筑"(图1-2-2-2)。

图1-2-2-2 苏州留园花步小筑景观

3．绿荫

"绿荫"小轩临水而筑,轩外景色溪山深秀。"绿荫"小轩朝北整面无墙,完全敞向山池,这三种墙面的处理手法是掩映—透漏—敞开(图 1-2-2-3)。

图1-2-2-3 苏州留园绿荫轩景观

4．明瑟楼

《水经注》:"目对鱼鸟,水木明瑟。"此处环境雅洁清新,有水木明瑟之感,故借以为名。楼为二层半间,卷棚单面歇山造,楼上三面置有明瓦和合窗,楼梯在外,用太湖石堆砌而成,梯边一峰屹立,上镌"一梯云"三字。楼梯面东墙上,有董其昌书"饱云"二字砖匾一块。明瑟楼下方室称"恰杭"。"杭",《唐韵》:"与航同",《说文解字》:"方舟也",此建筑及其西涵碧山房在可亭处看来犹如一艘航船,取自杜甫"野航恰受两三人"之句(图 1-2-2-4)。

图1-2-2-4　苏州留园明瑟楼景观

5．涵碧山房

宋朱熹诗"一水方涵碧，千林已变红"。建筑面池，水清如碧，涵碧二字不仅指池水，同时也指周围山峦林木在池中的倒影，故借以为名。建筑三间，卷棚硬山造，东面紧靠明瑟楼，刘氏时称卷石山房，盛氏时名涵碧山房，因建筑前临荷池，故通常又称荷花厅。涵碧山房为中部主要建筑，高大宽敞，陈设朴素，周围老树浓荫，风亭月榭，迤逦相属，楼台倒影，山池之美，堪称图画（图1-2-2-5）。

图1-2-2-5　苏州留园涵碧山房景观

6．闻木樨香轩

闻木樨香轩为中部最高处，山高气爽，四周景色尽现眼底，轩前有联："奇石尽含千古秀；桂花香动万山秋。"闻木樨香轩：木樨，即岩桂。轩为方形，后倚云墙，单檐歇山造，徐氏时称桂馨阁，刘氏时曾名餐秀轩，盛氏时改为今名（图1-2-2-6）。

图1-2-2-6　苏州留园闻木樨香轩景观

7．可亭

可亭，取白香山可以容膝，可以息肩，当其可斯可耳之意，指此处有景可以停留观赏。亭为六角，飞檐攒尖，结顶为一花瓶倒扣（为1953年整修时应急之作）。出轩东行，渡石桥，跨山涧，沿着卵石山径曲折而上，来到山顶可亭。亭中南望，涵碧山房与明瑟楼形如一艘航船，停泊在水边。整组建筑打破了整齐划一的布局，给人既有变化而又美观自然的感受，体现了中国山水画法中主景偏右的传统手法（图1-2-2-7）。

图1-2-2-7　苏州留园可亭对景景观

8．小蓬莱

《史记》："海中有三神山，名曰蓬莱、方丈、瀛洲，仙人居之。"此处在水池当中，故借以为名。二面曲桥相连，上面架以亭式紫藤棚架。此处有黄石，刻有"小蓬莱"三字，系新中国成立后新题。盛氏时园中亦有小蓬莱者，据考证系指今西部土山（图1-2-2-8和图1-2-2-9）。

图1-2-2-8　苏州留园小蓬莱紫藤廊架景观

图1-2-2-9　苏州留园小蓬莱石刻点景景观

9. 濠濮亭

《世说新语》：“晋简文帝入华林园，顾谓左右曰：会心处不必在远，翳然林水，便自有濠濮间想也，觉鸟兽禽鱼，自来亲人。”濠，即濠上；濮，水名，古人观鱼之地。此处借以为名。亭为方形四角，单檐歇山造，其北挑出水面而筑。刘氏时称此亭为掬月亭。亭侧池畔立有一石，倒影池中如圆月，名印月（图1-2-2-10）。

图1-2-2-10　苏州留园濠濮亭景观

10. 曲溪楼

《尔雅》：“山渎无所通者曰溪，又注川曰溪。”曲溪，亦即曲水，此处为借用。建筑临水，二层，单檐歇山造，楼只有前半爿，下为过道，狭长，进深仅三米左右，南北长十余米。其下刘氏曾名攸宁堂，楼名曲溪，曲溪之名沿用至今（图1-2-2-11）。

图1-2-2-11　苏州留园曲溪楼周边景观

11．清风池馆

《诗经》："吉甫作颂，穆如清风。"又宋苏东坡《赤壁赋》中"清风徐来，水波不兴"。水榭向西敞开，平临近水，环境舒适，借以为名。建筑为水轩形式，单檐歇山造。刘氏时称垂杨池馆，盛氏时改名为清风池馆，昔署匾曰"清风起兮池馆凉"（图 1-2-2-12）。

图1-2-2-12　苏州留园清风池馆周边景观

12．自在处

宋陆游诗："高高下下天成景，密密疏疏自在花。"此处景色与诗意相同，借以为名。前侧一峰名"朵云"，对面置有青石牡丹花台，雕刻精美，为明代园林遗物（图 1-2-2-13～图 1-2-2-15）。

13. 汲古得修绠

唐韩愈诗："汲古得修绠。"《说苑》："管仲曰短绠不可以汲深井。"绠，井索也。修绠，即长索。意思是，钻研古人学说，必须有恒心，下工夫找到一根线索，才能学到手，和汲深井水必须用长绳一样。这里从前是书房，盛氏时称汲古得修绠。此建筑在五峰仙馆西，硬山卷棚造。

图1-2-2-13　苏州留园自在处前明代牡丹花台景观

图1-2-2-14　苏州留园自在处前
"朵云"峰石景观

图1-2-2-15　苏州留园自在处室内
装饰景观

14. 远翠阁

唐方干诗："前山含远翠，罗列在窗中。"诗与景符，借以为名。其下即自在处，刘氏时曾名空翠，后改名含青楼，盛氏时名远翠阁。阁实质为楼，其上三面都置有明瓦和合窗，二层，单檐歇山造（图1-2-2-16）。

15. 五峰仙馆

因盛康从文徵明停云馆中得峰石放在园内，故名"五峰仙馆"，大厅面阔五开间，高大豪华，由于梁柱及家具均以楠木制作，俗称为楠木厅，厅内装修精丽，陈设雅洁大方，无愧为江南厅堂的典型代表。此馆为园内最大的厅堂，五开间，九架屋，硬山造（图1-2-2-17～图1-2-2-19）。

图1-2-2-16　苏州留园远翠阁景观

图1-2-2-17　苏州留园五峰仙馆室内陈设景观之一

图1-2-2-18　苏州留园五峰仙馆室内陈设景观之二

图1-2-2-19　苏州留园五峰仙馆门外湖石假山景观

16. 揖峰轩

宋朱熹《游百丈山记》："前揖庐山，一峰独秀。"此建筑西有一湖石名"独秀峰"，轩前庭院称"石林小院"，庭院内有晚翠、迎晖、段锦、竞爽等太湖石峰，园主痴石，借用米芾拜石典故，称其轩为揖峰轩。建筑为硬山造，外观两间半，实质只有一间半，刘氏时就有此名，沿用此今（图1-2-2-20和图1-2-2-21）。

| 图1-2-2-20 苏州留园揖峰轩景观 | 图1-2-2-21 苏州留园揖峰轩前牡丹花台与叠石景观 |

17. 洞天一碧

此建筑为小屋一间，因三面置有空窗，亦可称亭。因此地在石林小院内，有如洞天福地中的一块碧玉，故名（图1-2-2-22和图1-2-2-23）。

| 图1-2-2-22 苏州留园洞天一碧景观之一 | 图1-2-2-23 苏州留园洞天一碧景观之二 |

18. 林泉耆硕之馆

林泉者，指山林泉石，游憩之地；耆，指高年；硕，有名望的人。这里是指老人和名流的游憩之所。馆为一屋两翻轩，南北装修不同。北为方梁，有雕花；南为圆

梁，无雕花。窗及地坪方砖也有所不同，故又称鸳鸯厅。厅为四面厅形式，单檐歇山造，其北两角飞檐上塑有凤穿牡丹图案。建筑三开间九架屋，并环有走廊。馆为盛氏时所建。馆内有两匾，南"奇石寿太古"，北"林泉耆硕之馆"。"冠云峰赞序"屏门对着冠云峰（图1-2-2-24和图1-2-2-25）。

图1-2-2-24　苏州留园林泉耆硕之馆室内装饰景观　图1-2-2-25　苏州留园林泉耆硕之馆室内陈设景观

19．冠云峰

冠云峰高6.5米，为宋代花石纲遗物，因石巅高耸，四展如冠，取名"冠云""瑞云""岫云"，屏立左右，为留园著名的姐妹三峰。三峰下罗列小峰石笋，花草松竹点缀其间，大有林下水边，胜地之胜的林泉景色（图1-2-2-26～图1-2-2-28）。

图1-2-2-26　苏州留园冠云峰景观　　图1-2-2-27　苏州留园岫云峰景观　　图1-2-2-28　苏州留园瑞云峰景观

20．冠云亭

冠云，峰名，冠云亭为观峰而设。亭为六角攒尖，顶部饰有如意橘子。冠云峰周围水石台馆皆为观峰而设，以"云"名之。冠云峰东侧有六角小亭名"冠云亭"（图1-2-2-29）。

21. 佳晴喜雨快雪之亭

佳晴，宋范成大诗"佳晴有新课"。喜雨，《春秋谷梁传》："喜雨者有志于民者也。"快雪，王羲之帖"快雪时晴"。都是指对农田有利之意。这里指四时景物，不论晴雨都好（图1-2-2-30）。

图1-2-2-29 苏州留园冠云亭景观

图1-2-2-30 苏州留园佳晴喜雨快雪之亭前花台盆景景观

图1-2-2-31 苏州留园又一村圆月洞门景观

22. 又一村

陆游诗："山重水复疑无路，柳暗花明又一村。"亭为正方形，单檐歇山造，解放后新建。"又一村"三字盛氏时即有，开始系指东面一片，即"花好月圆人寿轩""少风波处便为家""亦吾庐"这一范围，后开辟西部，通常指西面一带。因广植梅林，并有绿杨、桃杏、菜畦、豆架，富有田园风味，故名（图1-2-2-31）。

1.2.3 特色景观

1. 花街铺地

苏州园林的花街铺地，在空间的划分中，展现出和谐、亲切、愉悦的环境特征，从质感、触觉和视觉上都给人带来了舒适的感受（图1-2-3-1～图1-2-3-6）。

图1-2-3-1　苏州留园花街铺地景观之一

图1-2-3-2　苏州留园花街铺地景观之二

图1-2-3-3　苏州留园花街铺地景观之三

图1-2-3-4　苏州留园花街铺地景观之四

图1-2-3-5　苏州留园花街铺地景观之五

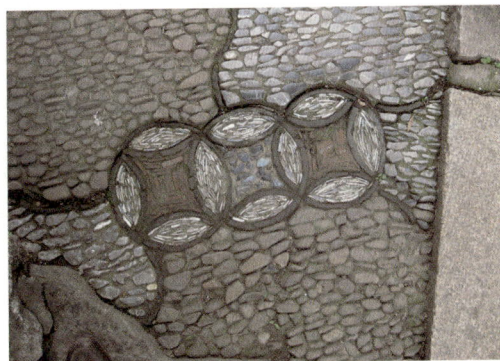

图1-2-3-6　苏州留园花街铺地景观之六

2. 景窗花格

留园各建筑物设有多种门窗，每扇窗户的设计各不相同，可沟通各部景色，人在建筑物内向外望去，就仿佛在欣赏一幅画（图 1-2-3-7～图 1-2-3-12）。

图1-2-3-7 苏州留园景窗花格景观之一

图1-2-3-8 苏州留园景窗花格景观之二

图1-2-3-9 苏州留园景窗花格景观之三

图1-2-3-10 苏州留园景窗花格景观之四

图1-2-3-11 苏州留园景窗花格景观之五

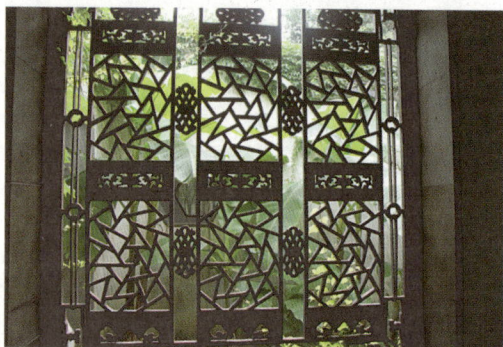

图1-2-3-12 苏州留园景窗花格景观之六

3. 牡丹花事

4月份牡丹进入盛开季节，留园内的牡丹竞相绽放，姹紫嫣红，是留园的一大景色（图1-2-3-13～图1-2-3-18）。

图1-2-3-13　苏州留园牡丹花卉景观之一

图1-2-3-14　苏州留园牡丹花卉景观之二

图1-2-3-15　苏州留园牡丹花卉景观之三

图1-2-3-16　苏州留园牡丹花卉景观之四

图1-2-3-17　苏州留园牡丹花卉景观之五

图1-2-3-18　苏州留园牡丹花卉景观之六

1.3 狮子林

1.3.1 园林概况

狮子林（www.szszl.com）始建于元至正二年（1342），由天如禅师惟则的弟子为奉其师所造。因园内"林有竹万，竹下多怪石，状如狻猊（狮子）者"，又因天如禅师惟则得法于浙江天目山狮子岩普应国师中峰，为纪念佛徒衣钵、师承关系，取佛经中狮子座之意，故名"师子林"或"狮子林"。

狮子林为苏州四大名园之一，至今已有 670 多年的历史，为元代园林的代表。位于江苏省苏州市园林路 23 号，占地 1.1 公顷。园内假山遍布，长廊环绕，楼台隐现，曲径通幽，扑朔迷离。长廊的墙壁中嵌有宋代四大名家苏轼、米芾、黄庭坚、蔡襄的书法碑及南宋文天祥《梅花诗》的碑刻作品。东南多山，西北多水，四周高墙深宅，曲廊环抱。以中部的水池为中心，叠山造屋，移花栽木，架桥设亭，使得全园布局紧凑，富有"咫尺山林"意境。狮子林既有苏州古典园林亭、台、楼、阁、厅、堂、轩、廊之人文景观，又以湖山奇石，洞壑深邃而盛名于世，素有"假山王国"之美誉。狮子林的湖石假山不仅多而且精美，湖石玲珑，洞壑宛转，曲折盘旋，如入迷阵，有"桃源十八景"之称。洞顶奇峰怪石林立，均似狮子起舞之状。有含晖、吐月、玄玉、昂霞等名峰，而以狮子峰为诸峰之首。园内建筑以燕誉堂为主（图 1-3-1-1～图 1-3-1-3）。

图1-3-1-1　苏州狮子林内部景观之一

图1-3-1-2　苏州狮子林内部景观之二

图1-3-1-3　苏州狮子林内部景观之三

1.3.2　景点赏析

1. 大厅

狮子林的门厅朝南，面阔近20米，中有将军门，门槛高达94厘米，两旁置有抱鼓石、浮雕狮子戏绣球和刘海戏金蟾。大门上方悬挂红底金字的乾隆御书"狮子林"匾（图1-3-2-1和图1-3-2-2）。

图1-3-2-1　苏州狮子林大厅（贝家祠堂）景观

图1-3-2-2　苏州狮子林大厅室内陈设景观

2. 立雪堂

立雪堂"立雪"一词源出禅宗典故"慧可雪地断臂立志参拜达摩为师"。宋代又有"程门立雪"之说，意在尊师重道。堂中置落地圆光罩（图1-3-2-3）。

3. 燕誉堂

燕誉堂取《诗经》中"式燕且誉，好尔无射"之句而名。"燕"意为安闲，亦通"宴"；"誉"通"豫"，意为欢乐，即此为"宴请宾客的安乐之所"。此厅是苏州园林中较为著名的鸳鸯厅。南厅名"燕誉堂"，为全园主厅，高敞宏丽。堂屋门上有"入胜"、"通幽"、"听香"、"读画"、"幽观"、"胜赏"砖刻匾额。北厅称"绿玉青瑶之馆"，出自

图1-3-2-3　苏州狮子林立雪堂室内景观

元画家倪云林诗中，"绿玉"指水，"青瑶"指假山（图 1-3-2-4 和图 1-3-2-5）。

图1-3-2-4　苏州狮子林燕誉堂室内陈设景观

图1-3-2-5　苏州狮子林绿玉青瑶之馆室内陈设景观

4. 小方厅

小方厅东西两侧墙上有呈矩形的砖细月洞，东窗外是素心蜡梅，西窗外是称为"城市山林"的假山和林木。以窗洞、门洞为画框，观赏外面景色，称为框景。两幅框景，如两幅山水画，尽现造园主人的匠心，意境深远（图 1-3-2-6）。

5. 修竹阁

修竹阁飞跨池水之上，西连湖心岛，东通复廊，因此阁内南北墙上分别有砖额"通波"与"飞阁"。修竹阁南北不设墙，在阁内北望，可见小溪，蜿蜒于山间，曲折幽深，南望则见曲折、错落的石岸围住湖水一泓，似山中小湖，颇含野趣（图 1-3-2-7）。

图1-3-2-6　苏州狮子林小方厅建筑景观

图1-3-2-7　苏州狮子林修竹阁景观

6．九狮峰

九狮峰由太湖石堆砌而成，为狮子林众多湖石峰的代表之一，气势雄伟，涡洞纵横，玲珑奇特，妙趣横生，因有拟态的九头狮子造型而得名。峰石粉墙衬托，勾勒出峰石清晰的轮廓，左侧有次峰相配，翠竹摇曳，更显出峰石的奇曲高峻，变幻莫测（图1-3-2-8）。

图1-3-2-8　苏州狮子林九狮峰叠石景观

7．指柏轩

指柏轩为两层楼建筑，全名是"揖峰指柏轩"，出处：一说是因狮子林为现存的唯一一座"禅意"园林，其建筑名称大多与禅宗的公案有关，所以指柏轩来自"赵州指柏"的典故；另一说源于明高启的诗句"人来问不应，笑指庭前柏"。指柏轩体态高大，四周围廊，有栏杆围合。轩前古柏数株，并与假山石峰遥相呼应，为狮子林主景之一（图1-3-2-9）。

8．古五松园

清康熙时狮子林内有五棵参天古松，故狮子林又名五松园。现为东西向厅堂，"古五松园"匾由苏局仙题，是年一百零一岁。匾额下，吴致木先生作绢质五松联屏一幅（图1-3-2-10）。

图1-3-2-9　苏州狮子林揖峰指柏轩室内景观

图1-3-2-10　苏州狮子林古五松园室内装饰景观

9．花篮厅

花篮厅面水而筑，前有平台。厅南14扇落地长窗，刻有唐诗各一首，厅北6扇长窗均刻有山水人物故事。厅内步柱不落地，柱端雕刻成花篮形状及梅、兰、竹、菊。厅中间设屏门4扇，南刻松寿图，北雕王同愈撰汉代仲长统《乐志论》。此为夏天赏荷的好地方（图1-3-2-11）。

10．真趣亭

真趣亭亭上方悬的"真趣"匾额，为乾隆御笔。由于是皇帝亲临之地，亭内装饰金碧辉煌，绘有凤穿牡丹图案，雍容华贵。还饰有"秀才帽"图案，寓意"秀才本是宰相根苗"，鼓励人们认真读书，奋发向上，三面设吴王靠，饰有木刻狮子。在此小坐，可欣赏湖心亭、九曲石桥、石舫、飞瀑和连绵的假山远景（图1-3-2-12）。

图1-3-2-11　苏州狮子林花篮厅室内景观

图1-3-2-12　苏州狮子林真趣亭景观

11. 暗香疏影楼

暗香疏影楼取"疏影横斜水清浅，暗香浮动月黄昏"的诗意得名。楼依湖而建，一层为通道。上楼南面可欣赏到园景大部，与问梅阁、五叠瀑布、听涛亭及400年的古银杏树组成园西部景区，古朴而幽静（图1-3-2-13）。

图1-3-2-13　苏州狮子林暗香疏影楼周边组合景观

12. 卧云室

卧云室呈凸字形，两层，上、下各6只戗角飞翘，造型奇特，苏州园林中独此一"室"。楼阁周围空间极狭，似在石壁重重的山坞中，"卧云"出自金元好问诗句"何时卧云身，因节遂疏懒"（图1-3-2-14）。

图1-3-2-14　苏州狮子林卧云室景观

图1-3-2-15 苏州狮子林问梅阁景观

13．问梅阁

问梅阁"问梅"一词源出禅宗典故马祖问梅（赞扬大梅山法常弘扬禅宗佛法的故事）。问梅阁是西部园景的主体建筑，筑于土山之上，阁前遍植梅树，阁内家具、窗纹、屏上书画皆取梅花题材，隐含"问梅"的意境（图1-3-2-15）。

1.3.3 特色景观

1．假山叠石

狮子林假山是中国古典园林中堆山最曲折、最复杂的实例之一。元末明初建园时，搜集了大量北宋花石纲的遗物，经过叠石名家的精妙构思，假山群气势磅礴，以"透""漏""瘦""皱"的太湖石堆叠的假山，玲珑俊秀，洞壑盘旋，像一座曲折迷离的大迷宫。假山上有石峰和石笋，石缝间长着古树和松柏。石笋上悬葛垂萝，富有野趣。

假山分上、中、下三层，共有9条山路、21个洞口。沿着曲径磴道上下于岭、峰、谷、坳之间，时而穿洞，时而过桥，高高下下，左绕右拐，来回往复，奥妙无穷。假山顶上，耸立着著名的五峰：居中为狮子峰，形如狮子；东侧为含晖峰，如巨人站立，左腋下有穴，腹部亦有四穴，在峰后可见空穴含晖光，吐月在西，势峭且锐，傍晚可见月升其上。两侧为立玉、昂霄峰及数十小峰，相映成趣（图1-3-3-1～图1-3-3-3）。

图1-3-3-1 苏州狮子林假山景观之一

图1-3-3-2　苏州狮子林假山景观之二

图1-3-3-3　苏州狮子林叠石景观

2．园门漏窗（图1-3-3-4～图1-3-3-13）

图1-3-3-4　苏州狮子林园门
景观之一

图1-3-3-5　苏州狮子林园门
景观之二

图1-3-3-6　苏州狮子林园门
景观之三

图1-3-3-7　苏州狮子林漏窗景观之一

图1-3-3-8　苏州狮子林漏窗景观之二

图1-3-3-9　苏州狮子林漏窗景观之三

图1-3-3-10　苏州狮子林漏窗景观之四

图1-3-3-11　苏州狮子林门窗装饰景观之一

图1-3-3-12　苏州狮子林门窗装饰景观之二

图1-3-3-13　苏州狮子林门窗装饰景观之三

3．植物景观

苏州园林的植物配置基调是以落叶树为主，常绿树为辅。用竹类、芭蕉、藤萝和草花作点缀，通过孤植和丛植的手法，选择枝叶扶疏、体态潇洒、色香清雅的花木，按照作画的构图原理进行栽植，使树木不仅成为造景的素材，又是观景的主题。许多树木的种植与园林建筑和诗词匾联、人物典故相呼应，寓情于草木。

狮子林的植物配置亦照此理，东部假山区以古柏和白皮松为主，西部和南部山地

则以梅、竹、银杏为主。配植色香态俱佳的花木，疏密相间，错落有致，不仅增加了林木森郁的气氛，更使山石、建筑、树木融合一体，而成为真正的"城市山林"。指柏轩前假山上有元代古柏数株，有白皮松五棵，姿态苍劲，皆成画意。暗香疏影楼和问梅阁推窗可见三五株梅，疏影横斜，暗香浮动。尤其问梅阁中桌椅、吊顶都是梅花形，窗纹用冰梅纹，书画内容亦与梅有关，与地上"冰壶"古井共同构成一幅思乡的画卷。更有文天祥《梅花诗》："静虚群动息，身雅一身清。春色凭谁记，梅花插座瓶"，借梅咏怀，体现了文天祥正气凛然的高尚情操。山石间有六百年银杏一株，粗干老木，盘根错节于石隙间，夏日浓荫庇日。秋叶灿若织锦，成为狮子林中一美景（图1-3-3-14～图1-3-3-17）。

图1-3-3-14　苏州狮子林植物景观之一

图1-3-3-15　苏州狮子林植物景观之二

图1-3-3-16　苏州狮子林植物景观之三

图1-3-3-17　苏州狮子林植物景观之四

1.4 网师园

1.4.1 园林概况

网师园（www.szwsy.com）为苏州四大名园之一，位于苏州市城区带城桥路阔家头巷 11 号，为苏州典型的府宅园林，是我国江南中小型古典园林的代表作品。现为世界文化遗产、国家 4A 级旅游景区、国家级重点文物保护单位。

网师园始建于南宋淳熙年间 (1174)，原为南宋侍郎史正志退居姑苏时所筑的一座府宅园林，因府中藏书万卷，故名"万卷堂"，对门造花圃，号"渔隐"。清乾隆年间 (1765 年前后)，光禄寺少卿宋宗元购万卷堂故址重治别业，筑园其地，有楼、阁、台、亭等，号称"十二景"，取名"网师小筑"。乾隆末年 (1795)，太仓富商瞿远村买下此园，添筑梅花铁石山房、小山丛桂轩、濯缨水阁、蹈和馆、月到风来亭、云冈、竹外一枝轩、集虚斋等建筑，遂成现在布局的基础，仍沿用"网师"旧名，由于园主瞿姓，故又称"瞿园"（图 1-4-1-1）。

图1-4-1-1　苏州网师园中部花园效果图

抗日战争前，国画大师张大千和张善孖借寓网师园内，同时居住园中的还有近代金石书画家叶恭绰等人，张氏昆仲的画室大风堂，就是现在的殿春簃。1940 年，书画文物鉴赏家和收藏家何亚农买下这座园林，复用"网师园"旧名。1958 年，苏州市园林管理处对网师园进行全面整修，扩建了梯云室，增修了涵碧泉、冷泉亭，将住宅园林修葺一新。1958 年 10 月，网师园正式对外开放（图 1-4-1-2）。

网师园面积仅 7.8 亩，是一座中型府宅园林，全园可分作三部分：东部是宅院区，

图1-4-1-2　苏州网师园张大千手书虎儿墓志景观

为府第；中部是山水景物区，为主园；西部是内园，即园中园。东部由大门阀阅门第、门厅、轿厅、大厅（正厅）"万卷堂"、江南第一门楼——砖细门楼"藻耀高翔"、内厅（女厅）"撷秀楼"、梯云室组成。中部由梅花铁石山房、琴室、蹈和馆、小山丛桂轩、濯缨水阁、彩霞池、月到风来亭、看松读画轩、竹外一枝轩、集虚斋、小姐楼、五峰书屋、射鸭廊、引静桥（三步桥）组成。西部由露华馆、涵碧泉、冷泉亭、殿春簃组成。园内建筑以造型秀丽、精致小巧见长。池周的亭阁，有小、低、透的特点，内部家具装饰以红木为主，精美多致。中部池周假山、花台、池岸用黄石，其他庭院用湖石，不相混杂，较为合理（图1-4-1-3和图1-4-1-4）。

图1-4-1-3　苏州网师园中部景观之一

图1-4-1-4　苏州网师园中部景观之二

　　网师园植物配置亦少而精，有青枫、桂、白皮松、黑松、紫藤、玉兰等树种，露华馆内植以牡丹、芍药花卉，尤其是园子第一位主人史正志亲手种植的近千年古柏，见证了整个网师园的悠久历史变迁。网师园以它精致的造园手法，深厚的文化底蕴，典雅的园林气息，当之无愧地作为江南中小型古典园林的代表作品，成为"小园极则"，在国内外享有盛誉（图1-4-1-5～图1-4-1-8）。

图1-4-1-5　苏州网师园植物景观之一

图1-4-1-6　苏州网师园植物景观之二

图1-4-1-7　苏州网师园植物景观之三

图1-4-1-8　苏州网师园植物景观之四

1.4.2　景点赏析

1. 轿厅

轿厅是旧时宾客、主人停放轿子的地方。上匾"清能早达"，是封建王朝标榜官吏品德、清廉能干、早年发达之意（图 1-4-2-1）。

图1-4-2-1　苏州网师园轿厅内红木官轿景观

2．万卷堂

万卷堂大厅是园林建筑的主题，过去为园主办事与接待宾客之处，装修陈设华丽。万卷堂，藏书万卷之堂（图1-4-2-2）。

图1-4-2-2　苏州网师园万卷堂景观

3．梯云室

梯云室中梯云之意，取自唐张读《宣室志》中载"周生八月中秋以绳为梯，云中取月"的故事。此屋前庭院假山，均用云头皴手法堆叠而成。主峰在五峰书屋东山头，倚楼叠成楼房山，可攀登山道而进入楼中（图1-4-2-3）。

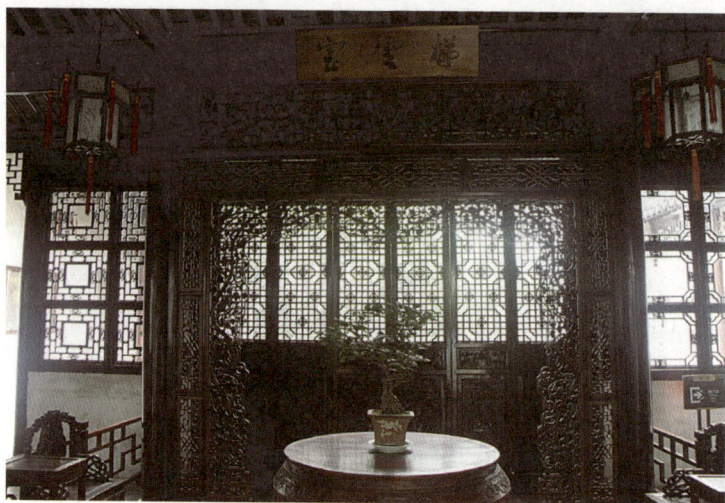

图1-4-2-3　苏州网师园梯云室室内景观

4．五峰书屋

该屋前后均有庭院，叠以峰峦。门前庭院山有峰，为庐山五老峰之写意。亦是主人藏书、读书之所在（图 1-4-2-4 和图 1-4-2-5）。

图1-4-2-4　苏州网师园五峰书屋室外景观

图1-4-2-5　苏州网师园五峰书屋室内景观

5．集虚斋

集虚斋，取《庄子·人间世》："唯道集虚，虚者，心斋也。"意即清除思想上的杂念，让心头澄澈明朗，为修身养性之所，是园主之读书处（图 1-4-2-6）。

6．竹外一枝轩

竹外一支轩为园中春景景点，取宋苏轼"江头千树春欲暗，竹外一枝斜更好"诗意而名（图 1-4-2-7 和图 1-4-2-8）。

图1-4-2-6　苏州网师园集虚斋室内景观

图1-4-2-7　苏州网师园竹外一枝轩及周边景观

图1-4-2-8　苏州网师园竹外一枝轩内部景观

7. 看松读画轩

看松读画轩此主室为冬景所在。轩南庭中有相传为万卷堂时遗留下的一株古柏，为园中最古、最高的大树，树梢已枯，中侧枝垂挂干上，依然苍翠。另有罗汉松、黑松、白皮松等，多是百年之物。子曰："岁寒，然后知松柏之后凋也。"严冬万木凋零，唯松柏长青，此时观赏，更见精神。用"读画"一语，意即深入体味其神韵（图1-4-2-9和图1-4-2-10）。

图1-4-2-9　苏州网师园看松读画轩室内景观

图1-4-2-10　苏州网师园看松读画轩室外景观

8. 殿春簃

"殿春"：即春末；楼阁边小屋称簃，旧为书斋庭院。此处为春末景点，庭中遍植芍药，故名。坐落在美国纽约大都会艺术博物馆的明轩即以此为蓝本而建（图1-4-2-11和图1-4-2-12）。

图1-4-2-11　苏州网师园殿春簃室内景观

图1-4-2-12　苏州网师园殿春簃室外景观

9. 月到风来亭

月到风来亭在园内彩霞池西，六角攒尖型，三面环水，亭心直径3.5米，高5米余，戗角高翘，黛瓦覆盖，青砖宝顶，线条流畅。取宋人邵雍诗句"月到天心处，风来水面时"之意，故名。内设鹅颈靠，供人坐憩，是临风赏月之佳处（图1-4-2-13）。

10. 濯缨水阁

此处为夏日景点。水阁是歇山卷棚式，纤巧空灵，坐南朝北，高架水上，凉爽宜人，可凭栏观荷赏鱼。取名"濯缨水阁"，源于《孟子·离娄》："……有孺子歌曰：'沧浪之水清兮，可以濯我缨；沧浪之水浊兮，可以濯我足'"（缨，指官帽帽带）。意为达则濯缨，隐则濯足（图1-4-2-14）。

图1-4-2-13　苏州网师园月到风来亭景观

图1-4-2-14　苏州网师园濯缨水阁景观

11. 引静桥

引静桥在彩霞池东南水湾处，呈弓形，石栏、石级、拱洞一应俱全。体态小巧，长2.4米，宽不足1米，三步而逾，故又称之为三步桥。桥顶刻有圆形牡丹浮雕，桥身藤萝缠身，是一座地道的袖珍小桥，不愧为佳构之作（图1-4-2-15和图1-4-2-16）。

图1-4-2-15　苏州网师园引静桥景观之一

图1-4-2-16　苏州网师园引静桥景观之二

12. 小山丛桂轩

此处为秋日景点，取"桂树丛生山之阿"（《楚辞·小山招隐》）之境界。轩南为太湖石庭院山，轩北有黄石主峰云岗，一玲珑，一浑拙，势成幽谷，匝种桂花，秋日竞放，香气蕴郁谷间，久聚不散，"小山则丛桂留人"（庚信《枯树赋》）（图1-4-2-17和图1-4-2-18）。

图1-4-2-17　苏州网师园小山丛桂轩室内景观

图1-4-2-18　苏州网师园小山丛桂轩室外云冈黄石假山景观

1.4.3　特色景观

1. 砖雕门楼（图 1-4-3-1 和图 1-4-3-2）

图1-4-3-1　苏州网师园砖雕门楼景观之一

图1-4-3-2　苏州网师园砖雕门楼景观之二

2. 壁山置石（图 1-4-3-3～图 1-4-3-6）

图1-4-3-3　苏州网师园壁山置石景观之一

图1-4-3-4　苏州网师园壁山置石景观之二

图1-4-3-5　苏州网师园壁山置石景观之三

图1-4-3-6　苏州网师园壁山置石景观之四

3．花街铺地（图 1-4-3-7～图 1-4-3-10）

图1-4-3-7　苏州网师园花街铺地景观之一

图1-4-3-8　苏州网师园花街铺地景观之二

图1-4-3-9　苏州网师园花街铺地景观之三

图1-4-3-10　苏州网师园花街铺地景观之四

4. 景窗花格（图 1-4-3-11～图 1-4-3-14）

5. 古树名木（图 1-4-3-15～图 1-4-3-18）

图1-4-3-11　苏州网师园景窗花格景观之一

图1-4-3-12　苏州网师园景窗花格景观之二

图1-4-3-13　苏州网师园景窗花格景观之三

图1-4-3-14　苏州网师园景窗花格景观之四

图1-4-3-15　苏州网师园古树名木景观之一

图1-4-3-16　苏州网师园古树名木景观之二

图1-4-3-17　苏州网师园古树名木景观之三

图1-4-3-18　苏州网师园古树名木景观之四

1.5 虎丘山风景名胜区

1.5.1 园林概况

虎丘（www.tigerhill.com），原名海涌山，位于苏州城西北郊，是著名的风景名胜区，已有2500多年悠久历史。据《史记》载吴王阖闾葬于此，传说葬后三日有"白虎蹲其上"，故名虎丘（宋代苏州州学教授朱长文则认为，虎丘因形似蹲虎而得名）。

虎丘山高仅三十多米，却有"江左丘壑之表"的风范，绝岩耸壑，气象万千，并有"三绝""九宜""十八景"之胜。所谓"三绝"出自宋代朱长文的《虎丘山有三绝》："望山之形，不越岗陵，而登之者，风见层峰峭壁，势足千仞，一绝也；近邻郭郭，蠹起原隰，旁无连续，万景都会，四边穹窿，北垣海虞，震泽沧州，云气出没，廓然四顾，指掌千里，二绝也；剑池泓淳，彻海浸云，不盈不虚，终古湛湛，三绝也。"明代可流芳谓虎丘"宜月、宜雪、宜雨、宜烟、宜春晓、宜夏、宜秋爽、宜落木、宜夕阳"，是为"九宜"。"十八景"乃云岩寺塔、剑池、千人石、陆羽井、万景山庄、断梁殿、憨憨泉、试剑石、拥翠山庄、枕头石、真娘墓、孙武练兵场（孙武亭）、望苏台、海涌桥、生公讲台（点头石）、二仙亭、别有洞天、致爽阁等（图1-5-1-1和图1-5-1-2）。

图1-5-1-1　苏州虎丘山风景名胜区入口广场
"海涌"碑刻景观

图1-5-1-2　苏州虎丘山风景名胜区全景图

虎丘由帝王陵寝成为佛教名山和游览胜地始于六朝。东晋时，司徒王珣及其弟司空王珉各自在山中营建别墅，咸和二年（327），双双舍宅为虎丘山寺，称东寺、西寺。刘宋高僧竺道生从北方来此讲经弘法，留下了"生公说法，顽石点头"的佳话和生公讲台、千人坐、点头石、白莲池等脍炙人口的古迹。

宝历元年（825），白居易出任苏州刺史时，绕山开渠引水，使虎丘山下溪流映带，碧波潆缓，远远望去恍若海上仙岛，从此游人络绎不绝。北宋至道元年（995）苏州知州魏庠奏改虎丘山寺为云岩禅寺，由律宗改奉禅宗，之后历代虎丘都是佛教圣地和游览胜地。

虎丘是自然和人文资源的完美结合，拥有云岩寺斜塔、剑池、憨憨泉、试剑石、万景山庄盆景园和拥翠山庄、西溪环翠等大批历史文化景点。其中，最为著名的是云岩寺塔、剑池和千人石（图1-5-1-3）。

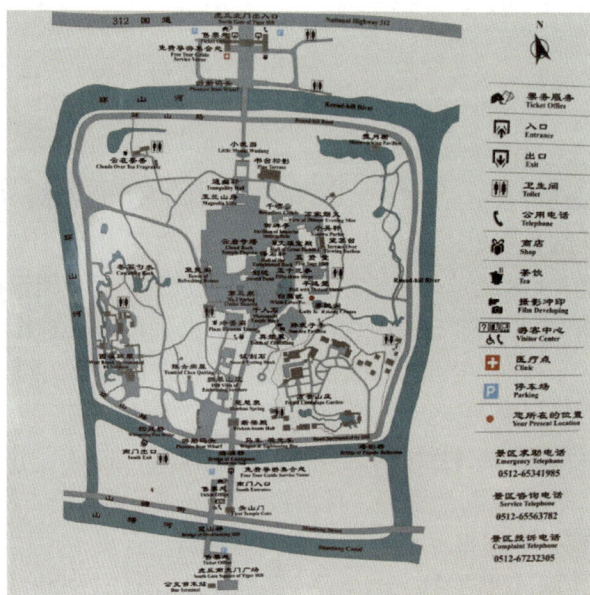

图1-5-1-3　苏州虎丘山风景名胜区导览图

虎丘依托着秀美的景色，悠久的历史文化景观，享有"吴中第一名胜"的美誉。宋代大文豪苏东坡"到苏州不游虎丘，乃憾事也"的千古名言，使虎丘成为旅游者到苏州必游之地。虎丘以其独特的魅力，向人们展现了一幅人文资源与自然景观完美结合的，融山水、历史于一身的秀美画卷，是人类不可多得的文化瑰宝。虎丘现为国家5A级旅游景区、全国文明单位、国家重点公园。

1.5.2　景点赏析

1. 头山门

头山门照墙上石刻"海涌流辉"四个大字，意指虎丘原本是一座海中岛屿。头山门亮黄色墙壁，标示虎丘山乃佛教圣地（图1-5-2-1）。

图1-5-2-1 苏州虎丘山风景名胜区头山门景观

2.拥翠山庄

拥翠山庄园门入口处景墙上刻有"龙""虎""豹""熊"四个行草大字，石刻四方，苍劲有力，气势磅礴。相传为清咸丰八年（1858）桂林陶茂森所书，由他处移置于此。拥翠山庄是苏州唯一一座无水的园林，它是晚清赛金花丈夫——苏州状元洪钧发起兴建的，建筑总平面呈纵长方形，占地一亩多。结合虎丘山的天然山坡所建，为台地园格局，依山势分四个层次，每层布局不同，景色富于变化，在苏州古典园林中独树一帜（图1-5-2-2～图1-5-2-5）。

3.憨憨泉

憨憨为梁代著名高僧。传说憨憨年少时因患有目疾，虎丘山方丈收他做一挑水和尚。挑水途中休息时，梦见高僧指点此处有一泉眼可通大海。醒后他就用双手触摸到一些青

图1-5-2-2 苏州虎丘山风景名胜区拥翠山庄
景观之一

图1-5-2-3 苏州虎丘山风景名胜区拥翠山庄
景观之二

图1-5-2-4　苏州虎丘山风景名胜区拥翠山庄
景观之三

图1-5-2-5　苏州虎丘山风景名胜区拥翠山庄
景观之四

苔，他想有青苔就说明地下一定有水，于是用扁担在此挖泉。大约挖了七七四十九天，终于一脉泉眼涌了出来，并治好了憨憨的眼睛，因此取名为"憨憨泉"（图1-5-2-6）。

图1-5-2-6　苏州虎丘山风景名胜区憨憨泉景观

4．试剑石

相传，春秋时期，吴王阖闾为了争霸天下，召来了当时最有名的铸剑师干将、莫邪夫妇为他铸剑。满期阖闾为试"莫邪"剑的锋利，对着石头手起剑落，将其一劈为二，试剑石由此而来。其实，此石为典型火山喷出岩的凝灰岩，久经风化而成裂隙，酷似剑劈（图1-5-2-7）。

5．真娘墓

真娘确有其人，原名姓胡，名瑞珍，北方人。从小父母双亡，唐朝安史之乱时，随亲逃亡到苏州，不幸流落青楼，但她却守身如玉，只陪客人歌舞书画，是一位绝色佳丽。当

图1-5-2-7　苏州虎丘山风景名胜区试剑石景观

时苏州大财主王荫祥，用重金贿赂老鸨，企图在真娘那里留宿。真娘为保持贞洁，上吊而自尽。王荫祥内心大受震惊，为真娘筑墓，并且发下重誓，今生永不再娶。很多文人墨客同情真娘，在其墓前题诗纪念（图1-5-2-8）。

6．二仙亭

二仙亭原为宋代建筑，重建于清朝嘉庆年间。亭子四周雕刻精细，中有两块石碑，分别雕着陈抟、吕洞宾二位神仙。相传有一天二位大仙在此下棋，一位樵夫路过观棋，回到家中，无人再识，后来人们从他的衣着猜想他是几千年前的古人，因此有"仙人一盘棋，世上已千年"的美好传说。亭中有联：梦中说梦原非梦；元里求元便是元（图1-5-2-9）。

图1-5-2-8　苏州虎丘山风景名胜区真娘墓景观

图1-5-2-9　苏州虎丘山风景名胜区二仙亭景观

7. 虎丘剑池

"虎丘剑池"四个大字为我国唐代著名书法家颜真卿所书。颜体素有"蚕头燕尾"之称，造诣极深。"剑池"用笔流畅，而"虎丘"明显生硬，因此素有"假虎丘真剑池"之说。剑池极为神秘，传说当年为吴王阖闾殉葬有扁诸、鱼肠宝剑三千把，且吴王阖闾墓道入口即在此处。"风壑云泉"四字为我国宋代著名书法家米芾所书，在此侧耳可听风声，举目可观赏岩石，抬头可观云彩，低头可看流泉（图1-5-2-10和图1-5-2-11）。

图1-5-2-10　苏州虎丘山风景名胜区虎丘剑池　　　图1-5-2-11　苏州虎丘山风景名胜区虎丘剑池
景观之一　　　　　　　　　　　　　　　　　　　　　　景观之二

8. 第三泉

相传，贞元年间"茶圣"陆羽来到虎丘，以井中泉水作标准，对比各地水质，著成我国第一部《茶经》。虎丘山泉水因清洌、味甜，被陆羽命为"第三泉"。泉池四周石壁赭色，纹理天然，秀如铁花，取苏东坡"铁华锈崖壁"诗句又称"铁华崖"（图1-5-2-12）。

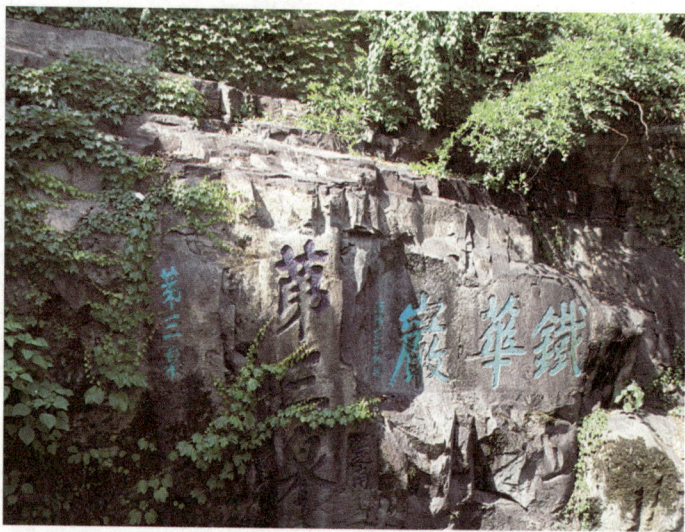

图1-5-2-12　苏州虎丘山风景名胜区第三泉摩崖石刻景观

9. 虎丘塔

古老苏州的象征——云岩寺塔，俗称虎丘塔，1961年，被国务院确定为全国重点文物保护单位。虎丘塔始建于五代后周显德六年(959)，建成于宋建隆二年辛酉(961)，至今已经有一千多年的历史。塔七层八面，塔高47.7米，是江南现存时代最早、规模宏大、结构精巧的一座佛塔（图1-5-2-13和图1-5-2-14）。

图1-5-2-13 苏州虎丘山风景名胜区虎丘塔景观之一

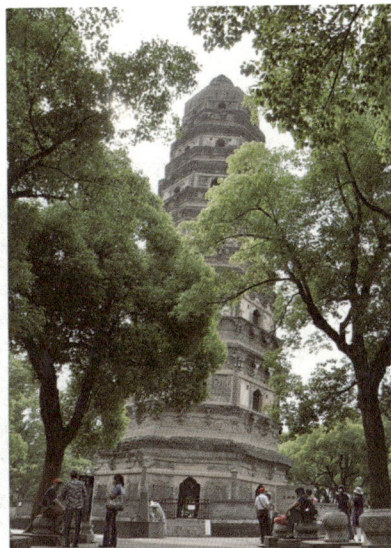

图1-5-2-14 苏州虎丘山风景名胜区
虎丘塔景观之二

10. 书台松影

书台松影为虎丘十景之一，源自宋理学名家尹焞（被朝廷赐名"和靖处士"）所三畏斋、和靖读书台、和靖祠、和靖书院。其居室取名"三畏斋"，源于论语"君子有三畏：畏天命、畏大人、畏圣人之言"。尹焞常在居室西侧的松林山石旁静心读书，后人称之为"和靖读书台"。在此望东平眺，冈林起伏，大树连天，郁郁葱葱；向南仰视，虎丘宝塔千年雄姿耸立山巅；往北俯视，一泓碧水，波光粼粼，远处岸边的揽月榭倒映水中，清晰可见，让人充分感受到虎丘后山胜前山的自然情趣和山林本色（图1-5-2-15和图1-5-2-16）。

11. 千人石

相传吴王阖闾死后葬于虎丘山，为防盗墓，便设计召集参与筑墓的一千多名工匠饮酒，并观看鹤舞，深夜将其统统杀死。工匠们的鲜血将岩石染成了红色，每到阴雨时节，仿佛血流满岩（图1-5-2-17）。

图1-5-2-15　苏州虎丘山风景名胜区书台松影
景观之一

图1-5-2-16　苏州虎丘山风景名胜区书台松影
景观之二

图1-5-2-17　苏州虎丘山风景名胜区千人石景观

12. 生公讲台

　　生公是我国晋代著名高僧竺道生，宣扬"苦海无边回头是岸，放下屠刀立地成佛"和"一切众生，悉有佛性"，但是为旧学所不容，遭到排挤，于是云游到虎丘讲经。当他讲到一切恶人皆能成佛时，池中有一石突然间向他微微点头示意，意思仿佛听懂。当时正值严冬，但池中白莲花却竞相开放，池水满盈，因此有"生来池水满，生去池水空"和"生公说法，顽石点头，白莲花开"的动人传说（图1-5-2-18和图1-5-2-19）。

图1-5-2-18　苏州虎丘山风景名胜区生公讲台景观

图1-5-2-19　苏州虎丘山风景名胜区白莲池点头石景观

13．石观音殿遗址

北宋天圣年间，湖州臧逵、臧宁兄弟侍奉双亲十年如一日。臧逵积劳成疾，经济拮据，他洁斋诵观世音菩萨名号，晚上梦见白衣人针其耳，毛病马上好了。臧逵善画，臧宁精刻，俩人发愿雕观音像，但不清楚具体的模样，有一天臧逵又梦见了白衣仙人，醒来连忙追忆，所绘大士容貌清秀，慈祥可亲，体态健美，神态庄重，使人肃然起敬。时人看了无不称好，谓之应梦观音，传为佳话（图1-5-2-20）。

图1-5-2-20　苏州虎丘山风景名胜区观音殿遗址景观

14．西溪环翠

西溪环翠为虎丘历史十景之一，原为唐高士甫里先生陆龟蒙祠堂，乾隆五十一年（1787）甫里先生二十四世孙陆肇域即石成基，凭林起栋，仿甫里别墅八景而筑，旧有环翠阁、清风亭、桂子轩、斗鸭池、菊畦、竹堤诸景。利用如今山西侧竹林蔽日，曲径通幽的环境，恢复完善《吴都法乘》所载的"小竹林"景点，在竹间隙地造竹篱草舍数间，开挖埋没多年的古井"绿玉泉"，将竹林中的清涧迁回至环翠阁、斗鸭池等景点，同山后的云在茶香景区遥相呼应，重现了"林皋生众绿，西溪春欲来。野旷鸟声静，风和花意催"的历史胜境（图1-5-2-21～图1-5-2-26）。

图1-5-2-21　苏州虎丘山风景名胜区西溪环翠景观之一

图1-5-2-22　苏州虎丘山风景名胜区西溪环翠景观之二

图1-5-2-23　苏州虎丘山风景名胜区西溪环翠
景观之三

图1-5-2-24　苏州虎丘山风景名胜区西溪环翠
景观之四

图1-5-2-25　苏州虎丘山风景名胜区西溪环翠
景观之五

图1-5-2-26　苏州虎丘山风景名胜区西溪环翠
景观之六

15. 万景山庄

万景山庄占地二十五亩,集中了苏派盆景精品六百多盆,主要有树桩盆景和水石盆景两个展示区域。苏派盆景始于唐宋,盛于明清,近代又有较大的发展。苏派盆景以树桩盆景为主。传统的树桩盆景讲究六台、三托、一顶。苏派盆景以扎为主,以剪为辅,工整、华贵。近年来,苏派盆景一反传统,注重创新,以剪为主,以扎为辅,注重盆景的天然情趣,保持其自然状态,并用中国画的原理,调理主杆与支杆的对比、变化,引发人们审视美的联想(图1-5-2-27～图1-5-2-32)。

图1-5-2-27　苏州虎丘山风景名胜区万景山庄
景观之一

图1-5-2-28　苏州虎丘山风景名胜区万景山庄
景观之二

图1-5-2-29 苏州虎丘山风景名胜区万景山庄
景观之三

图1-5-2-30 苏州虎丘山风景名胜区万景山庄
景观之四

图1-5-2-31 苏州虎丘山风景名胜区万景山庄
景观之五

图1-5-2-32 苏州虎丘山风景名胜区万景山庄
景观之六

16．冷香阁

冷香阁是虎丘喝茶观景的最佳场所，庭院里植有上百棵红绿梅树，每到初春时节阵阵香味迎面扑来，风味情韵不在光福香雪海之下，故又称"小香雪海"（图1-5-2-33和图1-5-2-34）。

图1-5-2-33 苏州虎丘山风景名胜区冷香阁
景观之一

图1-5-2-34 苏州虎丘山风景名胜区冷香阁
景观之二

17．致爽阁

致爽阁取诗句"四山爽气，日夕西来"命名。清朝康熙八年（1669）间圈入行宫，

咸丰十年（1860）毁于战火，现存建筑是1930年宣愣和尚重建的。阁上可远望到狮子山，狮子山如狮伏地回首望虎丘，即著名的"狮子回首望虎丘"景观（图1-5-2-35和图1-5-2-36）。

图1-5-2-35　苏州虎丘山风景名胜区致爽阁景观之一

图1-5-2-36　苏州虎丘山风景名胜区致爽阁景观之二

1.5.3　特色景观

1. 摩崖石刻（图1-5-3-1～图1-5-3-6）

图1-5-3-1　苏州虎丘山风景名胜区摩崖石刻景观之一

图1-5-3-2　苏州虎丘山风景名胜区摩崖石刻景观之二

图1-5-3-3　苏州虎丘山风景名胜区摩崖石刻景观之三

图1-5-3-5　苏州虎丘山风景名胜区摩崖石刻
景观之五

图1-5-3-4　苏州虎丘山风景名胜区摩崖石刻
景观之四

图1-5-3-6　苏州虎丘山风景名胜区摩崖石刻
景观之六

2．景门题刻（图 1-5-3-7～图 1-5-3-12）

图1-5-3-7　苏州虎丘山风景名胜区景门题刻
景观之一

图1-5-3-8　苏州虎丘山风景名胜区景门题刻
景观之二

图1-5-3-9　苏州虎丘山风景名胜区景门题刻
景观之三

图1-5-3-10　苏州虎丘山风景名胜区景门题刻
景观之四

图1-5-3-11　苏州虎丘山风景名胜区景门题刻
景观之五

图1-5-3-12　苏州虎丘山风景名胜区景门题刻
景观之六

3．奇石供玩（图 1-5-3-13～图 1-5-3-22）

图1-5-3-13　苏州虎丘山风景
名胜区奇石供玩景观之一

图1-5-3-14　苏州虎丘山风景
名胜区奇石供玩景观之二

图1-5-3-15　苏州虎丘山风景
名胜区奇石供玩景观之三

图1-5-3-16　苏州虎丘山风景名胜区奇石供玩
景观之四

图1-5-3-17　苏州虎丘山风景名胜区奇石供玩
景观之五

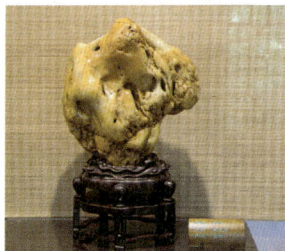

图1-5-3-18　苏州虎丘山风
景名胜区奇石供玩景观之六

图1-5-3-19　苏州虎丘山风景
名胜区奇石供玩景观之七

图1-5-3-20　苏州虎丘山风景
名胜区奇石供玩景观之八

图1-5-3-21　苏州虎丘山风景名胜区奇石供玩
景观之九

图1-5-3-22　苏州虎丘山风景名胜区奇石供玩
景观之十

4. 山水盆景（图 1-5-3-23～图 1-5-3-32）

图1-5-3-23　苏州虎丘山风景名胜区山水盆景
景观之一

图1-5-3-24　苏州虎丘山风景名胜区山水盆景
景观之二

图1-5-3-25　苏州虎丘山风景名胜区山水盆景
景观之三

图1-5-3-26　苏州虎丘山风景名胜区山水盆景
景观之四

图1-5-3-27　苏州虎丘山风景名胜区山水盆景
景观之五

图1-5-3-28　苏州虎丘山风景名胜区山水盆景
景观之六

图1-5-3-29　苏州虎丘山风景名胜区山水盆景
景观之七

图1-5-3-30　苏州虎丘山风景名胜区山水盆景
景观之八

图1-5-3-31　苏州虎丘山风景名胜区山水盆景
景观之九

图1-5-3-32　苏州虎丘山风景名胜区山水盆景
景观之十

2

扬 州 篇

　　古代扬州曾是人文荟萃、风流人物辈出之地，许多帝王将相、骚人墨客都曾在此留下他们的踪迹和美好诗句，如"夜市千灯照碧云，高楼红袖客纷纷""天下三分明月夜，二分无赖是扬州"等。清代中叶，"扬州八怪"画派大胆、泼辣的艺术风格对扬州园林艺术的发展起到很大的作用，如大画家石涛和尚，又是著名的园林专家，他善于垒石植树，其作品至今令人赞美和推崇。李斗在《扬州画舫录》中写道："杭州以湖山胜，苏州以市肆胜，扬州以园林胜，三者鼎峙，不可轩轾。"观赏扬州园林，则有湖石假山、回廊曲径、波光月影、桥畔箫声、景色宜人；无论春兰夏荷、秋菊冬梅以及长堤春柳，均得园林之趣，景色迷人。

2.1 瘦西湖风景名胜区

2.1.1 园林概况

"天下西湖,三十有六",唯扬州的西湖(www.sgsxh.com 或 www.shouxihu.com),以其清秀婉丽的风姿独异诸湖。一泓曲水宛如锦带,如飘如拂,时放时收,较之杭州西湖,另有一种清瘦的神韵。清代钱塘诗人汪沆有诗云:"垂杨不断接残芜,雁齿虹桥俨画图。也是销金一锅子,故应唤作瘦西湖。"瘦西湖由此得名,并蜚声中外(图2-1-1-1和图2-1-1-2)。

图 2-1-1-1　扬州瘦西湖风景区大门景观

图 2-1-1-2　扬州瘦西湖风景区入口广场湖石花台
与花木组合景观

瘦西湖风景区巧妙地利用河流、丘壑自然风貌,亭廊楼阁依势而筑,傍水而建,形成集锦式的"湖上古典园林"群落。据《扬州画舫录》记载,1751～1765年,瘦西湖上已经形成二十景:卷石洞天、西园曲水、虹桥揽胜、冶春诗社、长堤春柳、荷蒲熏风、碧玉交流、四桥烟雨、春台明月、白塔晴云、三过留踪、蜀冈晚照、万松叠翠、花屿双泉、双峰云栈、山亭野眺、临水红霞、绿稻香来、竹楼小市、平岗艳雪。1765年后,复增绿杨城郭、香海慈云、梅岭春深、水云胜概四景,合称二十四景,是全国"湖上园林"的杰出代表。

瘦西湖园林以自然风光旖旎多姿著称于世。四时八节,风晨月夕,使瘦西湖幻化出无穷的天然之趣。丰富的历史文化,使瘦西湖如醇厚的佳酿,常看常新,品味其中,回味无穷。瘦西湖的景点经多年修建,变得格外妩媚多姿。荡舟湖上,沿岸美景纷至沓来,让人应接不暇,心迷神驰。在清秀婉曲的瘦西湖两岸,缀以熔南秀北雄于一炉的扬州古典园林群,形成移步换景、相互因借的山水长轴;名寺古刹和古城墙垣绵延相属,名胜古迹和历史遗存散布其间。风韵独具的自然风光和含蕴丰厚的人文景观相映生辉，是镶嵌在历史文化名城中的一颗璀璨明珠。瘦西湖园林群景色宜人，融南秀北雄为一体，在清代康乾时期即已形成基本格局，有"园林之盛，甲于天下"之誉。所谓"两岸花柳全依水，一路楼台直到山"，其名园胜迹，散布在窈窕曲折的一湖碧水两岸，俨然一幅次第展开的国画长卷（图2-1-1-3～图2-1-1-5）。

图 2-1-1-3　扬州瘦西湖风景区景观之一

图 2-1-1-4　扬州瘦西湖风景区景观之二

图 2-1-1-5　扬州瘦西湖风景区景观之三

2.1.2　景点赏析

1. 虹桥

虹桥横跨瘦西湖上，初建于明崇祯年间（1628～1644），是西园曲水通向长堤春柳的大桥。原是一木板桥，围以红色栏杆，故名"红桥"。清乾隆元年（1736）年改建为石桥。吴绮在《鼓吹词序》中描写虹桥说："彩虹卧波，丹蛟截水，不足以喻，而荷香柳色，雕楹曲槛，鳞次环绕，绵亘十余里，春夏之交，繁弦急管，金勒画船掩映出没于其间，诚一郡之丽观也。"因桥形似彩虹卧波，遂将"红桥"改为"虹桥"（图2-1-2-1和图2-1-2-2）。

2. 卷石洞天

卷石洞天为扬州瘦西湖二十四景之一。原为清初古郇园故址，毁于咸丰年间兵火。1988～1989年重新扩建部分景点。景区由东部的水庭、中部的山庭与东北部的平庭等几部分组成，共包含10个景点：石屏鹤舞、双木夹镜、泉源石壁、高山流水、曲院花影、松寮云卷、飞泉鸣琴、八方致爽、红楼夕照、瑶台枕流。

图 2-1-2-1　扬州瘦西湖风景区虹桥景观之一

图 2-1-2-2　扬州瘦西湖风景区虹桥景观之二

卷石洞天以精巧的叠石取胜，充分表现了古时人们称誉的"扬州以名园胜，名园以叠石胜"的风格。运用高度的技巧将小石拼镶成巨峰，其石块大小、石头纹理、组合巧妙、拼接之处有自然之势，无斧凿之痕，气势雄伟俊秀，宛自天开，洞曲峰回，岩壑幽藏，峡谷险奇，清泉回旋，加之楼、阁、亭、台、廊、榭巧妙密布于假山周围，其间点缀树木，构成美的和谐（图 2-1-2-3 和图 2-1-2-4）。

图 2-1-2-3　扬州瘦西湖风景区卷石洞天景观之一

图 2-1-2-4　扬州瘦西湖风景区卷石洞天景观之二

3．西园曲水

西园曲水为扬州瘦西湖二十四景之一。地处瘦西湖和南湖水以及北城河水交汇的地方，水势曲折，因地理位置而得名。西园曲水以水取胜，水中有岛，岛外有桥，流水淙淙，沿水一路有明清两代的建筑特色，歌吹厅、薜萝水树、拂柳亭、南漪石舫、浣香榭临水而立，相映成趣，高低起伏的长廊时隐时现，把西园曲水处的厅馆连贯成一个整体（图 2-1-2-5 和图 2-1-2-6）。

4．长堤春柳

长堤春柳为扬州瘦西湖二十四景之一。早在乾隆年间，扬州自北门起，便有长堤

图 2-1-2-5　扬州瘦西湖风景区西园曲水入口景观　图 2-1-2-6　扬州瘦西湖风景区西园曲水内部景观

直到蜀岗平山堂，沿途"两堤花柳全依水，一路楼台直到山"。长堤东侧中央，临湖筑方亭一座，内悬"长堤春柳"匾额，为清代进士、著名书法家陈重庆手书。"长堤春柳"遍栽夭桃绿柳，春日依依柳色映衬一片姹紫嫣红，灿若云锦，使人留恋；夏日浓荫蔽地，清风送爽，蝉鸣枝头，湖水拍岸，步行堤上，暑气顿消；秋日天高气爽，柳疏湖净，沿堤徐行，心胸分外舒坦；冬日黄叶落尽，枝干舒展，若是雪压枝头，玉树琼枝，炫人眼目，游人如入广寒宫中，可谓四季如画！（图 2-1-2-7 和图 2-1-2-8）。

图 2-1-2-7　扬州瘦西湖风景区长堤春柳景观之一　图 2-1-2-8　扬州瘦西湖风景区长堤春柳景观之二

5. 徐园

徐园构筑于桃花坞旧址，位于瘦西湖长堤春柳北端，因辛亥革命时期军阀徐宝山之祠堂而得名。徐园规模不大，占地 0.6 公顷，但结构得体，庭院起承转合，错落有致，内有听鹂馆、春草池塘吟榭、疏峰馆等景。透过"徐园"题刻圆洞门，园内是一池清水，遍植荷花，池周点缀各种形态山石，几株翠柳迎风飘舞，景色宜人。园内正厅听鹂馆，取"两只黄鹂鸣翠柳，一行白鹭上青天"之诗意，构造精致，陈设古雅。徐园中有一馆、一榭、一亭，外有曲水，内有池塘，花木竹石，恰到好处，作为瘦西湖的屏风，使景区由序幕拉开，进入高潮，构园手法十分高超，充分体现了江南园林的精巧雅致（图 2-1-2-9～图 2-1-2-12）。

图 2-1-2-9 扬州瘦西湖风景区徐园听鹂馆
室外景观

图 2-1-2-10 扬州瘦西湖风景区徐园听鹂馆
室内景观

图 2-1-2-11 瘦西湖风景区徐园春草池塘吟榭
室外景观

图 2-1-2-12 瘦西湖风景区徐园春草池塘吟榭
室内景观

6. 小金山

小金山为扬州瘦西湖二十四景之一，为瘦西湖中最大的岛屿，原名长春岭，建于清代中叶。小金山因对岸镇江金山而得名，庭中对联云："弹指皆空，玉局可曾留带去；如拳不大，金山也肯过江来。"小金山四周环水，水随山转，山因水活。所谓"山不在高，贵在层次；水不在宽，妙在曲折"正是瘦西湖和小金山的绝妙之处（图 2-1-2-13）。

小金山上风亭、吹台、琴室、木樨书屋、棋室、月观，云集其间，是瘦西湖中建筑最密集的地方。风亭是全园最高点，取亭上楹联"风月无边，到此胸怀何以；亭台依旧，羡他烟水全收"首字而得名，朱自清先生曾赞其为"瘦西湖看水最好，看月也颇得宜"之处。小金山西麓有一堤通入湖中，堤端为一方亭，名"吹台"。相传乾隆皇帝曾在此垂钓，因而又叫钓鱼台。钓鱼台三面临水，各有圆门一孔。正中圆洞恰收"五亭桥"一景，左面圆洞又正好收入"白塔"一景，俨然两张独幅画面，其借景手法之巧，令人钦佩。月观是临湖建筑的厅堂，四面皆为格扇，堂后是桂园。当8月桂花盛开之际，推窗赏月，清香四溢，天上水下两月同收眼底，此情此景，甚为动人（图 2-1-2-14～图 2-1-2-17）。

图 2-1-2-13　扬州瘦西湖风景区小金山园门景观

图 2-1-2-14　扬州瘦西湖风景区小金山湖上草堂匾额景观

图 2-1-2-15　扬州瘦西湖风景区小金山风亭景观

图 2-1-2-16　扬州瘦西湖风景区小金山月观室外景观

图 2-1-2-17　扬州瘦西湖风景区小金山月观室内景观

7. 吹台（钓鱼台）

深入湖心的钓鱼台，原来是演奏丝竹乐器的地方，相传清乾隆南巡时曾在此垂钓。透过吹台园洞，五亭桥、白塔映入眼帘，十分美丽，令人耳目一新（图 2-1-2-18～图 2-1-2-23）。

图 2-1-2-18　扬州瘦西湖风景区吹台石刻景观

图 2-1-2-19　扬州瘦西湖风景区吹台春色景观

图 2-1-2-20　扬州瘦西湖风景区吹台秋季景观

图 2-1-2-21　扬州瘦西湖风景区吹台冬雪景观

图 2-1-2-22　扬州瘦西湖风景区吹台框景之一

图 2-1-2-23　扬州瘦西湖风景区
吹台框景之二

8．五亭桥

五亭桥仿北京北海的五龙亭和十七孔桥，建于乾隆二十二年（1757）。因建于莲花堤上，所以又叫莲花桥。五亭桥"上建五亭、下列四翼，桥洞正侧凡十有五"。五亭桥建筑风格既有南方之秀，也有北方之雄，是瘦西湖的标志，也是扬州城的象征。

五亭桥造型秀丽，黄瓦朱柱，配以白色栏杆，亭内彩绘藻井，富丽堂皇。桥下列四翼，正侧有十五个券洞，彼此相通。每当皓月当空，各洞衔月，金色荡漾，众月争辉，倒挂湖中，不可捉摸。正如清人黄惺庵赞道："扬州好，高跨五亭桥，面面清波涵月镜，头头空洞过云桡，夜听玉人箫。"中秋月圆之夜，泛舟穿插洞间，别具情趣，可使人感到"面面清波涵月镜，头头空洞过云桡，夜听玉人箫"的绝妙佳境（图 2-1-2-24～图 2-1-2-28）。

图 2-1-2-24　扬州瘦西湖风景区五亭桥景观

图 2-1-2-25　扬州瘦西湖风景区五亭桥春季景观

图 2-1-2-26　扬州瘦西湖风景区五亭桥夏季景观

图 2-1-2-27　扬州瘦西湖风景区五亭桥冬雪景观

图 2-1-2-28　扬州瘦西湖风景区五亭桥灯光夜景

9. 白塔晴云

瘦西湖白塔高 27.5 米，下面是束腰须弥塔座，八面四角，每面三龛，龛内雕刻着十二生肖像。塔身南面设门，内置佛龛；东、西、北三面设砖雕假门；四个侧面凸雕碑形，上书佛教偈语。八个转角处作重层小塔。塔身上出三层砖檐，檐角系铜铎。檐上置塔座承覆钵形圆肚、十三天相轮。此塔下部为密檐塔型，上部砌作覆钵式，是中国辽塔造型奇特之一例，素有"金峰平挂西天月，玉柱什擎北塞云"之誉。著名建筑家陈从周在《园林谈丛》中曾将北海塔和扬州白塔进行对比："然比例秀匀，玉立亭亭，晴云临水，有别于北海塔的厚重工稳。"（图 2-1-2-29～图 2-1-2-32）。

图 2-1-2-30　扬州瘦西湖风景区白塔远景

图 2-1-2-29　扬州瘦西湖风景区白塔近景

图 2-1-2-31　扬州瘦西湖风景区白塔与五亭桥组合景观

10. 凫庄

瘦西湖白塔脚下一岛屿，位于五亭桥东侧，建于 1921 年，原是乡绅陈臣朔的别墅，因在汀屿之上，似野鸭浮水，故名凫庄。凫庄构景最大特色是尽量取小，细巧玲珑。东为水榭，西设水阁数间，南建水楼三楹，不规则的荷花池位于庄中，环植梅、桃、筱竹，更迭人高之湖石，立意颇深。凫庄似浮若泗，庄上亭、榭、廊、阁小巧别致，山池木石缀置得宜，正如《望江南百调》所歌："亭榭高低风月胜，柳桃杂错水波环，此地即仙

图 2-1-2-32 扬州瘦西湖风景区白塔与五亭桥组合灯光夜景

寰。"凫庄整体建筑紧凑得体，有效地烘托映衬了五亭桥和白塔，成为瘦西湖上不可缺少的一处点缀（图 2-1-2-33～图 2-1-2-37）。

图 2-1-2-33 瘦西湖风景区凫庄入口景观

图 2-1-2-34 扬州瘦西湖风景区凫庄内部景观

图 2-1-2-35 扬州瘦西湖风景区凫庄整体景观

图 2-1-2-36 扬州瘦西湖风景区凫庄秋季夕阳景观

图 2-1-2-37　扬州瘦西湖风景区凫庄冬季银装景观

11．四桥烟雨

四桥烟雨位于瘦西湖东岸，与小金山隔湖相望。建于清康熙年间，乾隆南巡时，赐名"趣园"。园景久废。1960 年秋，于旧址建四桥烟雨楼，楼高二层，面西三楹，四面

图 2-1-2-38　扬州瘦西湖风景区四桥烟雨建筑景观

廊。登楼极目远眺，诸桥形态各异。南望有春波桥、大虹桥，北眺有长春桥，西瞧有玉版桥、莲花桥，可贵的是诸桥近在咫尺，却桥桥造型各异，风格趣味全然不同。若在细雨中登楼远眺，诸桥同处雨雾之中，如蒙轻纱，空蒙变幻。各桥将被湖水分隔的景物相互衔接，又以不同的落点和构架将全湖景点自然划分为各有千秋、风格不同的区间，形成了各具韵味的山水园林画卷（图 2-1-2-38）。

12．玲珑花界

玲珑花界是广陵芍药的观赏之地。自古以来，广陵芍药就与洛阳牡丹齐名。古人把牡丹称为"花王"，把芍药称为"花相"。相传宋代扬州有一种芍药名种"金带围"，簪带此花的人都做了宰相（图 2-1-2-39 和图 2-1-2-40）。

图 2-1-2-39　扬州瘦西湖风景区玲珑花界
石刻景观

图 2-1-2-40　扬州瘦西湖风景区玲珑花界
观芍亭景观

13．二十四桥

二十四桥为扬州瘦西湖二十四景之一。据传说：一个月光如水的夜晚，二十四个风姿绰约的美人，身披羽纱，长发随风，纤纤玉手，弄笛吹箫，于是那舒缓柔美的旋律，便从二十四根箫管中缓缓地流淌出来。唐代著名诗人杜牧，曾亲历了这个美妙的夜晚，日后写下"青山隐隐水迢迢，秋尽江南草未凋。二十四桥明月夜，玉人何处教吹箫。"的千古名句。诗因桥而咏出，桥因诗而闻名，二十四桥就此名声远播（图 2-1-2-41 和图 2-1-2-42）。

图 2-1-2-41　扬州瘦西湖风景区二十四桥景观

图 2-1-2-42　扬州瘦西湖风景区二十四桥
与吹箫亭组合景观

二十四桥景区为一组古典园林建筑群，由玲珑花界、熙春台、单孔石拱桥及望春楼四部分组成。二十四桥为单孔拱桥，汉白玉栏杆，如玉带飘逸，似霓虹卧波。该桥长 24 米，宽 2.4 米，栏柱 24 根，台级 24 层。洁白栏板上彩云追月的浮雕，桥与水衔接处巧云状湖石堆叠，周围遍植馥郁丹桂，使人随时看到云、水、花、月，体会到"二十四桥明月夜"的妙境，遥想杜牧当年的风流佳话。

图 2-1-2-43　扬州瘦西湖风景区二十四桥
小李将军画本景观

沿阶拾级而下，桥旁即为吹箫亭，亭临水边桥畔，小巧别致，亭前有平台，围以石座。若在月明之夜，清辉笼罩，波涵月影，画舫拍波，有数十歌女，淡妆素裹，在台上吹箫弄笛，婉转悠扬，天上的月华，船内的灯影，水面的波光融在一起，使人觉得好像在银河中前行。桥上箫声，船上歌声，岸边笑声汇在一起，此时再咏诵"天下三分明月夜，二分无赖是扬州"，你定会为唐代诗人徐凝的精妙描写抚掌称绝（图 2-1-2-43）。

14. 熙春台

熙春台矗立于瘦西湖西岸，与莲花桥遥遥相望，相传是扬州盐商为清代皇帝祝寿的地方。主楼南侧有湖石假山、复道和重檐亭，北侧则建曲廊与十字阁相连。熙春台建筑气势宏伟、结构精巧，彰显了扬州园林的无穷魅力（图 2-1-2-44 和图 2-1-2-45）。

图 2-1-2-44　扬州瘦西湖风景区二十四桥熙春台景观

图 2-1-2-45　扬州瘦西湖风景区二十四桥
熙春台表演景观

15. 静香书屋

静香书屋位于瘦西湖万花园景区中簪花亭之西侧，重建于 1992 年，坐北朝南，为三间开青砖瓦房，是典型的清代建筑风格。"静香书屋"匾额为金农漆书。金农作为扬州八怪之首，诗、文、书、画无所不精。金农擅画梅花，"有梅无雪不精神，有雪无梅俗了人"。正门两侧对联为扬州八怪之郑板桥所题"飞塔云霄半；书斋竹树中"。书房内，松林梅的木雕罩格，条几上供桌屏、花瓶，书桌上置文房四宝，多宝架上摆放线装古书，圆桌上一盘围棋，令人停足其间，仔细把玩，余味无穷（图 2-1-2-46～图 2-1-2-50）。

图 2-1-2-46 扬州瘦西湖风景区
  万花园静香书屋室内景观

图 2-1-2-47 扬州瘦西湖风景区万花园静香书屋园门景观

图 2-1-2-48 扬州瘦西湖风景区万花园静香书屋庭园景观之一

图 2-1-2-49 瘦西湖风景区万花园静香书屋庭园
  景观之二

图 2-1-2-50 瘦西湖风景区万花园静香书屋庭园
  景观之三

静香书屋围以黛脊粉墙，画舫是半舫，亭为半亭，月洞口的美人靠也仅有一半，打破了旧园的对称规整，显得轻灵活泼。1993 年，以静香书屋为蓝本设计的"清音园"参加德国斯图加特博览会"中国园"展出，以其鲜明的民族特色以及独特的营造构思，荣获"金杯奖"，在德国当地永久保存。

16. 石壁流淙

石壁流淙为瘦西湖二十四景之一，坐落于瘦西湖万花园北部区域，并由北至南连接静香书屋、二十四桥、白塔青云、五亭桥等景点，形成"两岸花柳全依水，一路楼台直到山"绵延不断的湖上风景线（图 2-1-2-51 和图 2-1-2-52）。

图 2-1-2-51　瘦西湖风景区万花园石壁流淙石刻景观

图 2-1-2-52　瘦西湖风景区万花园石壁流淙黄石假山飞瀑景观

17. 锦泉花屿

锦泉花屿为瘦西湖二十四景之一，原为乾隆年间刑部郎中吴山玉的别墅，后归知府张正治所有。园分东西两岸，中间有水相隔，水中双泉浮动，波纹粼粼，故又名"花屿双泉"。春花烂漫之时，波光潋滟，花影树影浮动，呈现出一片生动活泼的闹春景象（图 2-1-2-53）。

图 2-1-2-53　扬州瘦西湖风景区锦泉花屿景观

18. 簪花亭

簪花亭因历史上"四相簪花"这个典故而扬名。《梦溪笔谈》记载：庆历年间，韩琦镇守淮南，后花园中有一株芍药忽然开花四枝，花色上下红、中间黄蕊相间，被后人称为"金缠腰"或"金带围"。韩琦请王安石、陈升之等来观赏，席间把花剪下，各簪一枝。四人后来都官拜宰相，芍药因此被称为"花相"。簪花亭位于万花园西南部，为六角形仿宋式建筑，重檐攒尖顶，亭子的周围遍栽芍药，亭旁有"四相簪花宴"青铜器雕塑（图2-1-2-54）。

图 2-1-2-54　扬州瘦西湖风景区簪花亭"四相簪花宴"青铜器雕塑景观

2.1.3 特色景观

1. 园桥景观（图2-1-3-1～图2-1-3-8）

图 2-1-3-1　扬州瘦西湖风景区园桥景观之一

图 2-1-3-2　扬州瘦西湖风景区园桥景观之二

图 2-1-3-3　扬州瘦西湖风景区园桥景观之三

图 2-1-3-4　扬州瘦西湖风景区园桥景观之四

图 2-1-3-5　扬州瘦西湖风景区园桥景观之五

图 2-1-3-6　扬州瘦西湖风景区园桥景观之六

图 2-1-3-7　扬州瘦西湖风景区园桥景观之七

图 2-1-3-8　扬州瘦西湖风景区园桥景观之八

2. 古木景观（图 2-1-3-9～图 2-1-3-14）

3. 扬派盆景

扬派盆景是汉民族优秀传统艺术之一，中国盆景五大流派之一。始于唐朝，以江苏扬州市命名的盆景艺术流派。它那一寸（一寸约为3.3厘米）三弯的制作技艺可谓独步天下。扬派盆景技艺精湛，尤以观叶类的松、柏、榆、杨（瓜子黄杨）别树一帜，具有层次分明、严整平稳、富有工笔细描装饰美的地方特色和汉族文化韵味，饮誉海内外（图 2-1-3-15～图 2-1-3-19）。

扬派盆景的艺术特点是"严整而富有变化，清秀而不失壮观"。扬派盆景采用棕丝"精扎细剪"的造型方法，如同国画中的"工笔细描"。扬派盆景还特别讲究"功力深厚和自幼培养"，这就是"桩必古老，以久为贵；片必平整，以功为贵"。

图 2-1-3-10　扬州瘦西湖风景区古木景观之二

图 2-1-3-9　扬州瘦西湖风景区古木景观之一

图 2-1-3-11　扬州瘦西湖风景区古木景观之三

图 2-1-3-12　扬州瘦西湖风景区古木景观之四

图 2-1-3-13　扬州瘦西湖风景区古木景观之五

图 2-1-3-14　扬州瘦西湖风景区古木景观之六

图 2-1-3-15　扬州瘦西湖风景区扬派盆景
景观之一

图 2-1-3-16　扬州瘦西湖风景区扬派盆景
景观之二

图 2-1-3-17　扬州瘦西湖风景区扬派盆景
景观之三

图 2-1-3-18　扬州瘦西湖风景区扬派盆景
景观之四

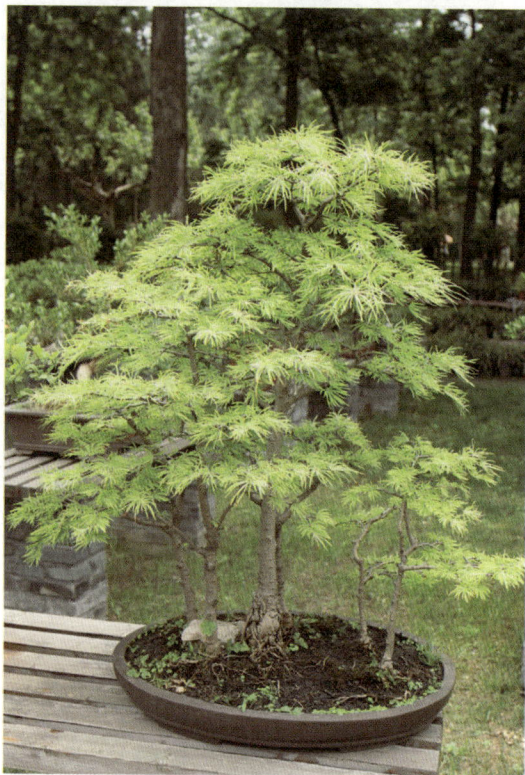

图 2-1-3-19　扬州瘦西湖风景区扬派盆景
景观之五

4. 园门景观（图 2-1-3-20～图 2-1-3-24）

图 2-1-3-20 扬州瘦西湖风景区园门
景观之一

图 2-1-3-22 扬州瘦西湖风景区园门
景观之三

图 2-1-3-21 扬州瘦西湖风景区园门
景观之二

图 2-1-3-23 扬州瘦西湖风景区园门
景观之四

图 2-1-3-24 扬州瘦西湖风景区园门
景观之五

2.2 何园

2.2.1 园林概况

何园（www.he-garden.net），原名寄啸山庄，是扬州私家园林中的压轴之作。全国重点文物保护单位，国家4A级旅游景区，并与北京颐和园、苏州拙政园同时被评为首批全国重点园林（图2-2-1-1）。

图2-2-1-1 扬州何园大门景观

何园其建筑特色之冠——享有"天下第一廊"美誉的1500米复道回廊，构成园林建筑四通八达之利与回环变化之美，在中国园林中绝无仅有，被业内专家称为"中国立交桥的雏形"。片石山房"天下第一山"，是画坛巨匠石涛和尚叠石的"人间孤本"。著名学者余秋雨称在中国造园史上，能让人仰望的就是何园的片石山房了。

中国当代古建园林专家童寯、刘敦桢、潘谷西、罗哲文、陈从周等都对何园独特的造园手法倍加赞誉，称它为"江南园林中的孤例"。罗哲文先生还专门为何园题词"晚清第一园"（图2-2-1-2~图2-2-1-5）。

图2-2-1-2 扬州何园（寄啸山庄）园门景观

图 2-2-1-3　扬州何园（寄啸山庄）洞门题刻景观

图 2-2-1-4　扬州何园片石山房园门景观
图 2-2-1-5　扬州何园片石山房洞门题刻景观

　　走进何园，宛如走进一幅历史人文的旖旎画卷；一位集官僚、盐商、隐者、教育家多重身份的传奇人物，曲折隐秘的心阶历程在此淋漓披露；一个由封建走向开明的世家大族兴衰荣辱的生存活剧在此栩栩上演；一部风云变幻的中国近代史丰富多彩的外传故事在此生动展现……

2.2.2　景点赏析

1．水中月

　　扬州自古就有"月亮城"之称，有诗云"天下三分明月夜，二分无赖是扬州。"而此处却是扬州白天赏月的最佳处（图 2-2-2-1）。

2．石涛叠石

　　片石山房是明末清初画坛巨匠石涛

图 2-2-2-1　扬州何园片石山房水中月景观

叠石的"人间孤本"。石涛，原名朱若极，他是明末清初著名的山水画家，开辟了扬州画派，是扬州八怪的先驱（图2-2-2-2~图2-2-2-4）。

图 2-2-2-2　扬州何园片石山房石涛叠石景观之一

图 2-2-2-3　扬州何园片石山房石涛叠石景观之二

图 2-2-2-4　扬州何园片石山房石涛叠石景观之三

图 2-2-2-5　扬州何园片石山房明楠木厅
"不系舟"景观

3. 明楠木厅

片石山房东面有一座楠木厅，是何园保存年代最久的一幢建筑，俗称明楠木厅，距今已有300多年的历史，厅西侧有一"不系舟"，寓意着平平稳稳，一帆风顺，坐在舟上可俯视鱼池（图2-2-2-5）。

4. 何氏祠堂

何家祠堂又名光德堂。取园主人何

芷舫之父何俊公"登祖宗之堂，可对先灵读传记之文，可光旧德我"句。园主人祖籍安徽望江，每年春天回原籍祭祖多有不便，故在营造何园的同时，建了家祠，以寄托子孙对先祖的怀念（图2-2-2-6）。

5. 清楠木厅

玉绣楼前面是一座面积为160平方米的与归堂，是目前扬州保存最大、最完整的一座楠木厅，此处为主人会客的地方。楠木厅融合了西方建筑的手法，正厅大门两侧采

图2-2-2-6　扬州何园片石山房何氏祠堂
入口景观

用整块4平方米大、9毫米厚的玻璃，采光效果极好（图2-2-2-7和图2-2-2-8）。

图2-2-2-7　扬州何园清楠木厅与归堂室内景观

图2-2-2-8　扬州何园清楠木厅与归堂室外竹林景观

图2-2-2-9　扬州何园骑马楼室外景观

6. 骑马楼

出玉绣南楼沿复道回廊向东入骑马楼，骑马楼是何园的客舍。当年，国画大师黄宾虹就住在这里，度过了让他终生难忘的一段客居时光。骑马楼从外面看上去四平八稳，仿佛一览无余，走进去才发现它的右边楼里藏着三进院落。厅堂栉比，门扉交错，廊道迂回，犹如迷宫（图2-2-2-9）。

7. 玉绣楼

玉绣楼主题建筑是前后两座砖木结构两层楼，采用中国传统式的串楼理念，四周以廊道连接成一体环形院落，从任何一个门出入，都可以沿着走廊转一个圈

图 2-2-2-10 扬州何园玉绣楼室外景观之一

子回到原处。楼的上下连两层为一字排开的房间，每排两套，以三门为一套，每套各为左右两间，中门为楼梯间，每间又采用推拉门隔断的形式构成套间，这种房屋布局和户型结构，似不同程度地吸收了西洋建筑的某些表现手法，而与中国住宅中的厅厢结构迥异，因而被人称作"洋房"（图 2-2-2-10～图 2-2-2-12）。

图 2-2-2-11 扬州何园玉绣楼室内景观之一

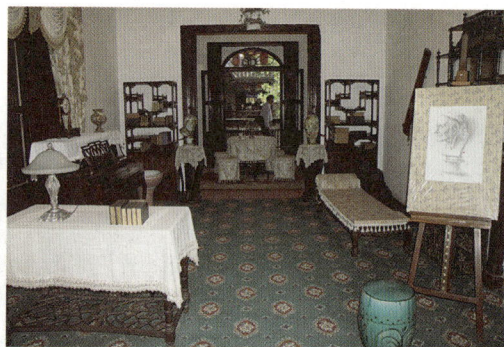

图 2-2-2-12 扬州何园玉绣楼室内景观之二

8．船厅

船厅整座厅似船形，厅周围以鹅卵石、瓦片铺成水波纹状，给人以水居的意境。船厅正厅两旁柱上有对楹联"月做主人梅做客；花为四壁船为家"。船厅四面镶嵌法国玻璃，花窗通透，给人以"人在厅中坐，景自四边来"的意境（图 2-2-2-13 和图 2-2-2-14）。

图 2-2-2-13 扬州何园东园船厅室外景观

图 2-2-2-14 扬州何园东园船厅室外水纹铺地景观

9. 牡丹厅

牡丹厅山墙上嵌有"凤吹牡丹"砖雕。砖雕牡丹枝叶形状有正有反，花纹有疏有密，凤凰栩栩如生，刀工明快，线条流畅，整幅画面造型丰富，层次分明，错落有致，是扬州晚清不可多得的砖雕工艺品，牡丹厅因此得名（图2-2-2-15）。

图 2-2-2-15　扬州何园东园牡丹厅室外景观

10. 贴壁假山

在船厅东侧风火墙上紧贴墙壁堆叠着一组长达六十余米的假山，上有盘山蹬道，下有空谷相遇，水绕山谷。山上有近月亭，过近月亭可登上复道回廊，形成全园上下立体交通。如果把风火墙比作一张宣纸，那贴壁假山就是一幅刚画好的山水画，拐弯处还给人以悠远的感觉，令人无限遐想（图2-2-2-16和图2-2-2-17）。

图 2-2-2-16　扬州何园东园贴壁假山景观

图 2-2-2-17　扬州何园东园贴壁假山近月亭景观

11. 读书楼

翰林公子读书楼是何园文脉的象征。何氏家族从何芷舠父亲辈起通过科举当了大官，也留下了厚学重教、诗礼传家的门风。先后出现了祖孙翰林、兄弟博士、父女画家、姐弟院士等（图2-2-2-18和图2-2-2-19）。

图 2-2-2-18　扬州何园东园读书楼室外景观

图 2-2-2-19　扬州何园东园读书楼室内陈设景观

12. 复道回廊

复道，就是在双面回廊的中间夹一道墙而形成，起到分流作用。走入西园第一个映入眼帘的就是那贯穿全园的复道回廊，全长1500多米，被誉为"中国立交桥的雏形"。复道的交叉口一边通向蝴蝶廊，一边通向读书楼。回廊，扬州人俗称串楼，分上、下两层，它将东园、西园、住宅院落都串联在一起，游客即使在雨天，也免遭淋雨之苦，尽情欣赏全园美景。廊东南两面墙上开有什锦洞窗和水磨漏窗，绕廊赏景，步移景异（图2-2-2-20～图2-2-2-22）。

图2-2-2-20　扬州何园西园复道回廊景观之一

图2-2-2-21　扬州何园西园复道回廊景观之二

图2-2-2-22　扬州何园西园复道回廊景观之三

13. 蝴蝶厅

水池的北面是主人专门用于宴请宾客的宴厅，因厅角昂翘，像振翅起舞的蝴蝶，故称为蝴蝶厅。厅内木壁上雕刻着历代名碑字画，如苏东坡的兰、郑板桥的竹、唐寅的花鸟、曹操的诗等。雕刻面积达140平方米，从这些字画雕刻作品中，可以看出当时雕刻工艺的精湛，书画家飞逸的翰墨都得到极为细致的体现（图2-2-2-23）。

图2-2-2-23　扬州何园西园蝴蝶厅室外景观

14. 水心亭

西园以水池居中，池中央便是水心亭，这座水心亭是中国仅有的水中戏亭，它巧妙地运用了水面和走廊的回声，起到了增强音乐的共鸣效果。水心亭专供园主人观赏戏曲、歌舞和纳凉之用。湖石假山与水心亭隔水相望，不由得让人领会到"空山新雨后，天气晚来秋。明月松间照，清泉石上流"的意境（图 2-2-2-24 和图 2-2-2-25）。

图 2-2-2-24　扬州何园西园水心亭景观之一　　　图 2-2-2-25　扬州何园西园水心亭景观之二

2.2.3　特色景观

洞窗花窗如图 2-2-3-1～图 2-2-3-4 所示。

图 2-2-3-1　扬州何园回廊洞窗花窗景观之一　　　图 2-2-3-2　扬州何园回廊洞窗花窗景观之二　　　图 2-2-3-3　扬州何园回廊洞窗花窗景观之三

图 2-2-3-4　扬州何园回廊洞窗花窗景观之四

2.3 个园

2.3.1 园林概况

个园（php.ge-garden.net）位于古城扬州东北隅，盐阜东路 10 号，为全国重点文物保护单位、中国四大名园之一，是典型的中国江南私家园林杰出代表。清代嘉庆年间，两淮盐商商总黄至筠（1770～1838）在原明代寿芝园的基础上扩建为住宅园林——个园。因主人爱竹，且竹叶形似"个"字，故名"个园"。全园分为中部花园、南部住宅、北部品种竹观赏区，占地 2.4 公顷。该园最负盛名的是采用分峰用石的手法，运用笋石、湖石、黄石、宣石等不同石料，堆叠而成"春""夏""秋""冬"四季假山，叠石艺术高超，以石斗奇，融造园法则和山水画理于一体，表达出"春山艳冶而如笑、夏山苍翠而如滴、秋山明净而如妆、冬景惨淡而如睡"和"春山宜游、夏山宜看、秋山宜登、冬山宜居"的诗情画意，令人叹为观止。园中古树参天，修竹万竿，珍卉丛生，随候异色，被园林泰斗陈从周先生誉为"国内孤例"。2005 年修复黄至筠盐商豪宅，三纵三进，气势宏伟，更加全面地再现了个园的整体历史风貌。个园现为国家 4A 级风景旅游区、全国二十家重点公园之一（图 2-3-1-1）。

图 2-3-1-1　扬州个园大门景观

2.3.2 景点赏析

1. 春山

个字园门外两侧修竹劲挺，高出墙垣，作冲霄凌云之姿，竹丛中插植着石绿斑驳的石笋，以"寸石生情"之态，状出"雨后春笋"之意。这幅别开生面的竹石图，运用惜墨如金的手法，点破"春山"主题，告诉你"一段好春不忍藏，最是含情带雨竹"。同时还巧妙传达了传统文化中的"惜春"的理念，提醒游园的人们，春景虽好，短暂易逝，需要用心品尝，加倍珍惜，才能获得大自然的妙理真趣（图 2-3-2-1～图 2-3-2-3）。

图 2-3-2-1　扬州个园春山景观之一

图 2-3-2-2　扬州个园春山景观之二

图 2-3-2-3　扬州个园春山景观之三

2. 夏山

中空外奇、跌宕多姿的双峰夏山，是玲珑剔透的太湖石与高超叠石技艺完美结合的产物。中国画里有"夏云多奇峰"的意境，夏山的主体部分，正是利用太湖石柔美飘逸的曲线和形姿多变的品质，垒出停云之势，模拟夏云气象（图 2-3-2-4 和图 2-3-2-5）。

图 2-3-2-4　扬州个园夏山景观之一

图 2-3-2-5　扬州个园夏山景观之二

在布景造境方面，夏山更是做足了文章。山上黄馨紫藤，繁花垂条；山下古树名木，蓊郁青葱；山间石室幽邃，石梁凌波；山顶流泉飞瀑，有亭翼然；山前一池碧水，倒映亭台楼阁绿树山石，渲染出浓浓的水墨意蕴；远处青草池塘，蛙跃龟背，渲染着"黄梅时节家家雨，青草池塘处处蛙"的江南风情。

3. 秋山

秋山是全园的制高点，黄石山体拔地而起，峰峦起伏，有摩霄凌云、咫尺千里之

势。这座山，黄石间植丹枫，浓妆重彩，夕阳凝辉，霜色愈浓。无论何时登临眺望，都会使人顿生一种秋高气爽之感。

秋山之上，有崎岖蹬道上下盘旋，曲折辗转，构成了立体交通，忽壁忽崖，时洞时天。人在洞中，有光隐隐从石隙透入，照见洞顶用黄石倒悬营造出的垂垂钟乳，奇异而壮观。走秋山蹬道，你一定要记住这个口诀："大不通小通，明不通暗通，直不通弯通"，它提醒人们，如果想超捷径，很可能就会误入歧途。要是不避凶险，反而能化险为夷。

秋山还藏有飞梁石室，内置石桌、石凳、石床，仿佛曾有人在此饮酒、对弈、躺卧、小憩。石室外则是一处小小院落，当年主人曾植碧桃一株在院中花坛里，俨然成了一处深山洞府中的"世外桃源"（图2-3-2-6～图2-3-2-8）。

图 2-3-2-6　扬州个园秋山景观之一

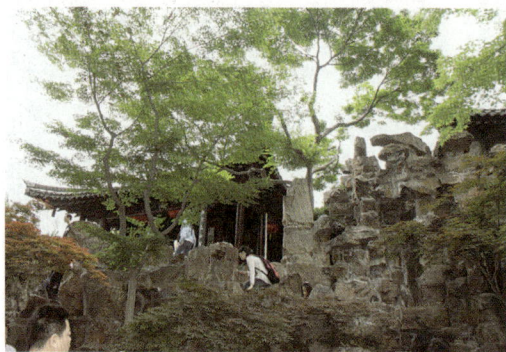

图 2-3-2-7　扬州个园秋山景观之二

图 2-3-2-8　扬州个园秋山景观之三

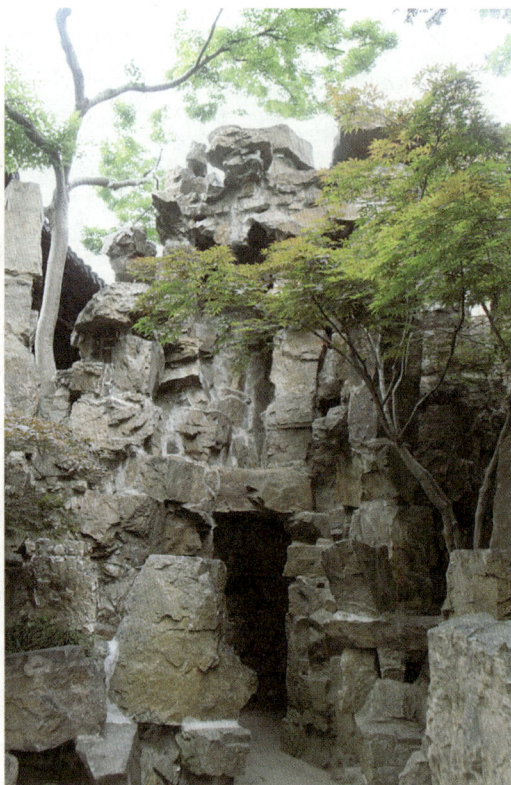

4. 冬山

四季山中的冬山，是最富想象力的创意，以宣石堆砌的山脉，迎光时荧荧闪亮，背光处则幽幽泛白，皑皑残雪，与墙上凿出的二十四个风音洞相呼应，渲染出一派"北风呼啸雪光寒"的隆冬寒意。人们在用宣石造山的同时，还着意堆塑出一群大大小小的雪狮子，或跳或卧，或坐或立，跳跃嬉戏，顾盼生情。这一幅似与不似之间的"狮舞瑞雪"图，使孤寂的雪山显得生机勃勃，趣味盎然。山石间，点缀着参差蜡梅和南天竺，黄花红果，分外妖娆。右侧西墙之上，设一圆形漏窗，与一墙之隔的春山隐约相望，风竹声声，翠影摇绿，时时传递着早春消息（图2-3-2-9～图2-3-2-11）。

图2-3-2-9　扬州个园冬山景观之一

图2-3-2-10　扬州个园冬山景观之二

图2-3-2-11　扬州个园冬山景观之三

5. 抱山楼

抱山楼为七楹长楼，巍然艮跨于夏秋两山之间，两山东西依楼而掇，有多条山径直通楼上。抱山楼在空间连接两山，楼前长廊如臂，拥抱两山于胸前，这是抱山楼得名的由来。抱山楼长廊，犹如凌空飞架的天桥，廊上漫步，不经意间就跨越了两个不同的季节，因此被今人戏称为"时空隧道"（图2-3-2-12）。

沿抱山楼看秋山，"有宾主、有掩映、有补缀、有补贴、有参差、有烘托"仿佛群山峻岭，山外有山，山势未了；仰视高处，山势绝险，突兀惊人。在抱山楼上凭栏赏景，但见楼下梧桐蔽日，浓荫满阶，檐前芭蕉几丛，亭亭玉立，夏山青翠欲滴，秋山枫红霜白，无限风光，美不胜收。楼下走廊的南墙上，镶嵌着清人刘凤浩撰写的《竹石记》刻石，专门留给想知晓个园来龙去脉者。

图2-3-2-12　扬州个园抱山楼室外景观

著名古建园林专家陈从周教授，特别欣赏扬州个园住宅与园林。他评价扬

州的住宅园林综合了南北的特色，自成一格，雄伟中寓明秀，得雅健之致，借用文学上的一句话来说，真所谓"健笔写柔情"。

图 2-3-2-13　扬州个园清漪亭景观

6. 清漪亭

清漪亭是一个六角小亭，秀丽挺拔，娇好端庄。宾主在文宴之后，登山之余，温步到此，环顾四周，全园风光尽在眼中。清漪亭的周围，似乎漫不经心地布置了许多太湖石，而太湖石的外面又被一弯绿水所环抱，清漪亭在这重重拱卫之下，由一个普通的建筑而平添了无限的美感（图 2-3-2-13）。

7. 丛书楼

个园对面，东关街南，是扬州另一大盐商马日绾、马日璐兄弟的小玲珑山馆旧址，马氏兄弟家中豪富，却富的高雅、富而有道。马日绾爱书如命，凡有秘本，都不惜高价买回，因此藏书很多，小玲珑山馆之丛书楼，藏书有"甲大江南北"之称。乾隆皇帝下江南时，也曾接见过他们。最为可贵的是，"二马"不是将这些人类文明的宝贵财富束之高阁、藏于名山，或是据为己有、孤芳自赏，而是豪爽好客，四方读书人，都可以来他们家看书学习，金农等人还在他们家长住，从这里获取了丰富的知识营养。后来，马氏家族伴随着扬州盐运的衰颓日趋萧条，小玲珑山馆几经转手，最后被黄至筠买了下来，作为别院，太平天国时毁于兵火（图 2-3-2-14）。

图 2-3-2-14　扬州个园丛书楼景观

8. 住秋阁

坐落在秋山南峰之上的住秋阁，山阁一体，朝夕与山光共舞，年年共秋色常住。登临秋山，在经历了奇峰曲径、石室悬崖之后，忽然见此小阁，就像久旱遇雨一般，不能不来此一坐。三五好友，分座坐定，清茗一杯在手，会油然产生"又得浮生半日闲"的愉悦之感（图 2-3-2-15）。

图 2-3-2-15　扬州个园住秋阁景观

9. 宜雨轩

个园中楼台厅馆各具特色，园的正前方为"宜雨轩"，四面虚窗，可一览园中全景。宜雨轩，东阔三楹，四面是窗户。轩的屋顶用扬州常风的黛瓦，四角微微上扬，在清秀之中显出稳重。宜雨轩是园主人接待宾客的场所（图2-3-2-16和图2-3-2-17）。

图2-3-2-16　扬州个园宜雨轩景观之一

图2-3-2-17　扬州个园宜雨轩景观之二

10. 觅句廊

觅句廊有曲廊和小阁数间，顾名思义，是主人寻觅诗句的地方。悬一联"月映竹成千个字；霜高梅孕一身花"。"觅句"乃古代文人最风雅的事情，尽管这里只是数步短廊和几楹小阁，但其丰厚的文化内涵绝不能轻视。马日璐觅句廊题诗："诗情渺何许，有句在空际。寂寂无人声，树荫正摇曳。"

想当年，主人在夕阳西下之际，秋虫悲鸣之间，绞尽脑汁，苦思冥想，大有"语不惊人死不休"的意味。此情此景，怎能不叫人想起古人苦吟之名句："二句三年得，一吟双泪流"；"吟安一个字，捻断数茎须"（图2-3-2-18）。

图2-3-2-18　扬州个园觅句廊景观

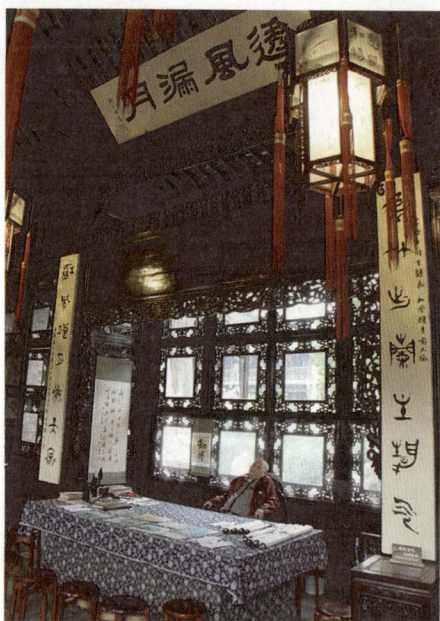

图 2-3-2-19　扬州个园透风漏月厅室内景观

11．透风漏月厅

个园的优美环境，吸引着传统昆曲艺术爱好者，园林中的厅榭、水阁，成为他们驰情逞性一唱三叹的最佳场所。每到周末下午，透风漏月厅就会传来悠扬的笛韵，这便是昆曲曲友在握笛拍曲了。万箫吟风相和，游客流连忘返，为个园平添了又一道风景（图 2-3-2-19）。

2.3.3　特色景观

1．四季假山（图 2-3-3-1～图 2-3-3-4）。
2．花木盆景（图 2-3-3-5～图 2-3-3-14）。

图 2-3-3-1　扬州个园春山景观

图 2-3-3-2　扬州个园夏山景观

图 2-3-3-3　扬州个园秋山景观

图 2-3-3-4　扬州个园冬山景观

图 2-3-3-5　扬州个园花木盆景景观之一

图 2-3-3-6　扬州个园花木盆景景观之二

图 2-3-3-7　扬州个园花木盆景景观之三

图 2-3-3-8　扬州个园花木盆景景观之四

图 2-3-3-9　扬州个园盆景
景观之五

图 2-3-3-10　扬州个园盆景
景观之六

图 2-3-3-11　扬州个园盆景
景观之七

图 2-3-3-12　扬州个园盆景景观之八

图 2-3-3-13　扬州个园盆景景观之九

图 2-3-3-14　扬州个园盆景景观之十

3
镇江篇

镇江是座历史悠久的江南古城，是吴文化的发祥地之一。镇江市金山焦山北固山国家风景名胜区（简称"三山"景区）是国家 5A 级景区，位于镇江市区北部，地处长江与镇江主城区交汇处，总面积 44.76 平方公里。其核心景区为"三山一湖"，即金山、焦山、北固山和金山湖，景区内还包括西津渡、云台山、伯先公园、博物馆、铁瓮城等。

3.1 金山风景名胜区

3.1.1 园林概况

镇江市金山风景区（www.jspark.cn）位于镇江市区西北，海拔 43.7 米，占地面积 40 余公顷，主要由江天禅寺、金山景区、百花洲景区、镜天园、一泉景区等五部分构成，名胜古迹甚多，如金山寺、慈寿塔、天下第一泉、白龙洞、芙蓉楼、御码头、金山文化博览园、金山广场等景点。金山是"三山"国家重点风景名胜区、首批国家 4A 级风景旅游区、国家重点风景名胜区、省市两级文明风景区示范点、江苏省十佳旅游景区（图 3-1-1-1 和图 3-1-1-2）。

图 3-1-1-1　镇江金山风景名胜区远景

金山，晋代因其孤立江心，名为"泽心"；东晋淝水一战，囚氐人人于此，遂改称"氐浮"，或曰"氐父""获符"等；又因其形若碧玉浮水，南北朝时，而有"浮玉"美名；宋以前又曾叫"紫金山"，真宗时改为"龙游山"，历史上还一度叫过"妙高峰"和"伏牛""青螺""金鳌"等。而宋代《九域志》云，唐代高僧裴头陀在此修复寺庙时，每天在山间披荆斩棘，开山种田，偶或挖出黄金数镒（一镒为二十两），交给润州刺史李德裕，李则将此事禀报皇帝，皇帝令将黄金交给裴头陀作修复寺庙之用，并赐名"金山"。金山原是江心岛屿，"万川东注，一岛中立"，被称为"江心一朵芙蓉"，

图 3-1-1-2　镇江金山风景名胜区大门景观

清道光年间始与南岸相连，于是"骑驴上金山"曾盛行一时。

金山景区集山、水、寺、泉、洞之灵气，景区资源条件得天独厚，历代诗人、书法家、名人雅士，如白居易、李白、张祜、孙鲂、苏东坡、王安石、沈括、范仲淹、赵孟頫、王阳明等登临观景，留下了许许多多珍贵的遗迹和脍炙人口的题咏。金山上每一座古迹，甚至一泓液泉、一方碑碣都有迷人的神话、美丽动人的传说和有声有色的历史故事，故金山又称为"神话山"。特别是《白蛇传》中提到的水漫金山、梁红玉擂鼓战金山、妙高台苏东坡赏月起舞、七峰亭岳飞祥梦、金山方丈道月以及留云亭康熙书写"江天一览"等千百年来脍炙人口的故事，更为金山蒙上了一层神秘色彩。

金山寺始建于东晋，距今已有1600多年历史，原名泽心寺，清初曾名江天禅寺，唐以来通称金山寺。金山寺巧妙地依山而建，是我国佛教禅宗四大名寺之一，富有独特的建筑风格，殿宇后堂幢幢相衔，亭台楼阁层层相接，山体与寺庙浑然一体，构成一组椽摩栋接、丹辉碧映的古建筑群，景色壮观，气势雄伟，形成"寺裹山"的独特风貌。秀丽挺拔的慈寿塔立在金山寺西北，通高三十米，起到塔拔山高的建筑效果（图3-1-1-3～图3-1-1-5）。

图 3-1-1-3　镇江金山风景名胜区金山寺景观之一

图 3-1-1-4　镇江金山风景名胜区金山寺景观之二

图 3-1-1-5　镇江金山风景名胜区金山寺景观之三

3.1.2　景点赏析

1．天下第一泉

天下第一泉又名中泠泉，原在扬子江心，是万里长江中独一无二泉眼。中泠泉水绿如翡翠，浓似琼浆，盈杯不溢。南宋名将文天祥畅饮后，豪情奔放赋诗一首："扬子江心第一泉，南金来北铸文渊。男儿斩却楼兰诗，闲品茶经拜祠仙。"（图 3-1-2-1）。

图 3-1-2-1　镇江金山风景名胜区天下第一泉景观

2．文宗阁

金山文宗阁始建于乾隆四十四年（1779），毁于咸丰三年（1853），经嘉庆、道光两朝，历时75载。文宗阁仿照宁波天一阁模式，建于四面环水的金山，坐北朝南。庭院有门楼三间与阁相对，两侧有廊楼各十间，将阁联成四合院形式。阁前银涛雪浪，气势磅礴，阁后山崖陡峭，峰巅浩伏。阁内瑶版玉韬，千箱万帙，藏书甚富，是镇江历史上第一座图书馆。1779年，乾隆帝应督造该工程的盐运史呈请赐名"文宗阁"，并亲笔御书"文宗阁"和"江山永秀"的匾额，悬挂阁中（图3-1-2-2～图3-1-2-5）。

图3-1-2-2　镇江金山风景名胜区文宗阁景观之一

图3-1-2-3　镇江金山风景名胜区文宗阁景观之二

图3-1-2-4　镇江金山风景名胜区文宗阁景观之三

图3-1-2-5　镇江金山风景名胜区文宗阁景观之四

3．百花洲

百花洲以花得名，以花扬名。徜徉在百花洲，穿梭在百花丛中，感受百花迷人魅力。百花洲配置垂丝海棠、樱花、连翘、白玉兰、紫玉兰、丁香、蜡梅、梅花等花木近百种，形成了四季有花、花木扶疏、百花争艳的植物景观效果。新改造百花洲景区依照"佛祖拈花，迦叶一笑"的禅宗典故，在中心草坪北侧营造微地形起伏，曲径转

承，于花丛中置石组以象征灵山会众，至春则繁花锦绣，香气袭人，游客可在这众香界中体味"一花一世界，一叶一如来"的禅意（图3-1-2-6～图3-1-2-9）。

图 3-1-2-6　镇江金山风景名胜区百花洲景观之一

图 3-1-2-7　镇江金山风景名胜区百花洲景观之二

图 3-1-2-8　镇江金山风景名胜区百花洲景观之三

图 3-1-2-9　镇江金山风景名胜区百花洲景观之四

4. 镜天园

镜天园景区，以"书茶·禅境"为主题，营造参禅悟道的浓厚氛围。晓书坪广场

图 3-1-2-10　镇江金山风景名胜区镜天园景观

上有"禅"字样绿化，人们可以水为墨，以地为纸，修习书法，领悟禅意。西侧设心动坐，曾有禅师教导前来讨问的信徒。镜天园中心位置，采用生命力强、叶色季相变化明显、开雪白花团、结火红果实的欧洲荚蒾新品种植物，白细石子平铺衬底，用6500株欧洲荚蒾打造出一个占地面积达1350平方米的植物景观"禅"，形成了浓烈"禅"境氛围，令人回味无穷（图3-1-2-10）。

5. 郭璞墓

金山之西塔影湖畔，有一组天然错综的奇石，古称石排（解）山，又称云根岛。岛上葬有东晋著名文学家、训诂学家郭璞的遗物，俗称郭璞墓。郭璞（276～324），河东（今山西省）闻喜人，字景纯，他博学多才，人称其词赋为东晋之冠，著有《尔雅注》《尔雅图》《尔雅图赞》《山海经注》《穆天子传注》《楚辞注》《葬经》等书，同时精通阴阳卜筮之术。明代的日本使臣中心叟曾来到金山，凭吊郭璞墓，并作诗云：遗音寂寞锁龙门，此日青囊竟不闻。水底有天行日月，墓前无地拜儿孙（图3-1-2-11和图3-1-2-12）。

图3-1-2-11　镇江金山风景名胜区云根岛景观

图3-1-2-12　镇江金山风景名胜区云根岛郭璞石雕景观

6. 御码头

御码头在山北有十三级台阶，原作半月式，两边护有石栏，左右有钟鼓楼（清咸丰年间被毁）。清康熙、乾隆两帝南巡时，先后几次来金山都由此码头上岸，故称御码头（图3-1-2-13和图3-1-2-14）。

图3-1-2-13　镇江金山风景名胜区御码头景观之一

图3-1-2-14　镇江金山风景名胜区御码头景观之二

7. 白龙洞

白龙洞原名龙洞，在玉带桥旁。洞壁刻篆书"白龙洞"，此洞与中国四大民间传说之一的《白蛇传》故事有密切关联。相传，许仙被法海骗上金山，白娘子、小青脱鞋抛江为舟，引东海之水，以水漫金山寺与法海斗法，法海急忙脱下袈裟化成一条长堤，把波涛万顷的海水拦在堤外。白娘子斗法失败，只好收兵，退回杭州西子湖畔，待机报仇（图3-1-2-15）。白龙洞西侧还有一组"白蛇传"彩石浮雕，由著名作家、画家王川创作。浮雕高2.7米、长30米、面积80多平方米，由8个故事组成，分别为峨眉得道、游湖定情、保和济世、端午惊变、仙山盗草、水漫金山、断桥相会和美满姻缘（图3-1-2-16）。

图3-1-2-15 镇江金山风景名胜区白龙洞景观

图3-1-2-16 镇江金山风景名胜区白龙洞彩石浮雕景观

8. 古法海洞

法海洞，又名裴公洞，在金山西北角头陡岩上，慈寿塔下西边。法海洞内石壁上刻有"浮玉山"三字。法海姓裴，人称裴头陀，是唐宰相裴休之子。头陀生而颖异，胎素不群，先在江西庐山出家，后至金山修行。传说，有一天他无意中在一片菜地挖出若干镒黄金，便大兴土木，建成一个中外闻名的禅宗寺庙，起名金山寺（图3-1-2-17和图3-1-2-18）。

图3-1-2-17 镇江金山风景名胜区法海洞外景观

图3-1-2-18 镇江金山风景名胜区法海洞内雕像景观

9. 观音阁

从夕阳阁登山而上，南面正中有观音阁，又叫大士阁，因阁中供奉观音，故名。此建筑与楞伽台、妙高台，西与慈寿塔、法海洞丹辉碧映，椽摩栋接，连成一气，足以壮此名山胜概（图3-1-2-19）。

10. 大雄宝殿

大雄宝殿为1985年重建，1990年落成。"大雄宝殿"四字为赵朴初题写，

图3-1-2-19　镇江金山风景名胜区观音阁景观

高悬殿额。大雄宝殿歇山重檐，雕梁画栋，黄墙红柱，金色琉璃屋面，白石柱础栏杆，气势雄伟庄严。大殿为正方形，高25米，深24.6米，内36根子柱擎立。大殿设计兼有北方宫廷雄浑富丽气势与南方园林精美雅致的风格。大殿外墙书"庄严国土，利乐有情"八字。殿内正位释迦牟尼佛，阿弥陀佛和药师佛分立两侧，两旁六十八罗汉，背面为海岛观音像，两旁站立善财童子、龙女，中有金山寺德云比丘，金山寺海岛图也在其中，特别吸引人。大殿上方四周圈棚列56尊罗汉。大殿外墙镶六扇檀香木雕圆窗，每一扇画面都是与佛教相关的历史人物和故事，有三扇讲的是与金山寺有关的故事（图3-1-2-20～图3-1-2-26）。

图3-1-2-20　镇江金山风景名胜区大雄宝殿俯视景观

图3-1-2-21　镇江金山风景名胜区大雄宝殿外部景观

图3-1-2-22　镇江金山风景名胜区大雄宝殿内部景观之一

图 3-1-2-23　镇江金山风景名胜区大雄宝殿
内部景观之二

图 3-1-2-24　镇江金山风景名胜区大雄宝殿
内部景观之三

图 3-1-2-25　镇江金山风景名胜区大雄宝殿
周边景观之一

图 3-1-2-26　镇江金山风景名胜区大雄宝殿
周边景观之二

11. 妙高台

妙高台亦称晒经台，位于金山西南半山腰，建于北宋元祐初年（1086），由寺僧佛印凿岩创建。有诗云："中有妙高台，云峰自孤起。仰观初无路，谁信平如砥。"历史上"梁红玉击鼓退金兵"的故事就发生在这里。宋代大文学家苏东坡曾登台赏月，当见到一幅李龙眠为逝去的弟弟苏辙（字子由）画的像时，触景生情转入到深沉的思绪中，命歌者袁绹演唱自己怀念弟弟的一首词《水调歌头》："明月几时有？把酒问青天……此事古难全。但愿人长久，千里共婵娟。"（图 3-1-2-27）。

图 3-1-2-27　镇江金山风景名胜区妙高台入口景观

12. 楞伽台

宋乾道年间（1165）由寺僧宝印建，苏东坡晚年受佛印和尚之托，在此抄写《楞伽经》，故又名苏经楼。楞伽台傍山驳石而建，由山下登楞伽台，需经三重楼阁，每进一层，疑无去处，洞门一开，豁然有阶可登，迂回曲折，上下错综，往往令游人迷其所在。登台远眺，碧空万里，磅礴江流，气势十分壮观。最高一层有清王文治书"窗前沧海凭开眼；台上楞伽可印心"的对联，以及中国佛教协会主席赵朴初写的诗幅："再来眼顿明，挂壁雪舟画。恍是旧金山，江心云月下……"（图3-1-2-28）。

图3-1-2-28　镇江金山风景名胜区楞伽台入口景观

13. 江天一览亭

金山最高处，有一石柱凉亭，名留云亭，又名江天一览亭和吞海亭。亭中石碑是三百多年前康熙皇帝陪同太后来到处于大江之中的金山寺游览时留下的古迹。康熙登高远眺，大江东去，水天相衔，诚雄观也，遂奋笔手书"江天一览"四个大字。亭于康熙二十四年（1685）重修，同治十年（1871）复建，两江总督曾国藩将康熙所写的"江天一览"四字刻在石碑上，放置亭内。这里是领略金山风姿，俯瞰镇江全城美景的最佳观赏点之一（图3-1-2-29）。

14. 江天禅寺

在金山寺门口，抬头仰望"江天禅寺"匾额，为清代康熙皇帝随太后来金山祈祷时亲笔题写的。江天寺即金山寺，自古就是一座中外

图3-1-2-29　镇江金山风景名胜区江天一览御碑亭景观

图 3-1-2-30　镇江金山风景名胜区江天禅寺山门景观

闻名的禅宗古刹，始建于东晋年代，距今已有一千六百多年，初名泽心寺，南朝、唐朝初称为金山寺。寺宇规模宏大，全盛时有和尚三千多人，僧侣数以万计。清代金山寺与普陀寺、文殊寺、大明寺并列为中国四大名寺（图 3-1-2-30）。

由山门入天王殿，中供弥勒佛，人称笑佛。两旁塑的四大金刚，形象高大逼真，意在看守山门。四大金刚俗称四大天王，故称天王殿。左侧是东方持国天王，南方增长天王；右侧是北方广目天王，西方多闻天王。弥勒佛旁有联，曰：大肚能容，了却人间多少事；满腔欢喜，笑开天下古今愁。

15. 慈寿塔

慈寿塔又名金山塔，创建于一千四百余年前的齐梁，塔高三十米，唐宋有双塔，宋朝叫荐慈塔、荐寿塔。双塔后毁于火，明代重建一塔，取名慈寿塔。清代咸丰年间，此塔又毁。光绪二十年（1894），金山寺住持僧隐儒誓建此塔，往京都向清廷呼吁，慈禧命他自行募捐修建。约经五年，募银二万九千六百两建塔，仍名慈寿塔。

此塔玲珑、秀丽、挺拔，矗立于金山之巅，和整个金山及金山寺配合得恰到好处，仿佛把金山都拔高了。塔为砖木结构，七级八面，内有旋式梯，供游人登塔远眺。每层四面有门，走廊相连，面面有景，风光各异。游人登临塔顶，凭栏远眺：东望长江中的焦山和形势险固的北固山，南望城市风光和重重叠叠的山峦峻峰，西望波光粼粼的鱼池和浩浩荡荡的大江激流，北望烟波缥缈的古镇瓜洲和古城扬州，令人大开眼界，心旷神怡（图 3-1-2-31～图 3-1-2-34）。

图 3-1-2-31　镇江金山风景名胜区慈寿塔
景观之一

图 3-1-2-32　镇江金山风景名胜区慈寿塔景观之二

图 3-1-2-33　镇江金山风景名胜区慈寿塔
景观之三

图 3-1-2-34　镇江金山风景名胜区慈寿塔景观之四

16. 芙蓉楼

　　金山芙蓉楼，又名千秋楼，为镇江历史名楼，始建于东晋，因唐代著名诗人王昌龄曾吟成一首脍炙人口的诗作《芙蓉楼送辛渐》"寒雨连江夜入吴，平明送客楚山孤；洛阳亲友如相问，一片冰心在玉壶"而得名。重建的芙蓉楼是一座重檐歇山式仿古建筑，高 19 米，临湖而立。该楼融古典园林建筑艺术之精华，独具匠心，富丽堂皇。芙蓉楼位于金山风景区塔影湖畔"天下第一泉"内，与金山寺隔湖相望，三面依湖临水，直出水面，周围绿树环抱，垂柳丝丝，柔姿万千。身居楼中，八面有声，四面有景，金山的山容、水态，旖旎风光一览无余（图 3-1-2-35）。

图 3-1-2-35　镇江金山风景名胜区芙蓉楼景观

17. 三塔映月

　　塔影湖位于金山西侧，因金山宝塔映于湖中得名。青山绿水的塔影湖，碧波荡漾，四周堤岸"间株杨柳间株桃"，水榭楼台，别致多彩，西侧的一泉宾馆近楼游廊回环曲折，与金山古塔隔湖相望，湖上画舫游船往来。塔影湖风景四时皆新：红黄绿茵的暮春时节，杜鹃盛开，白的如棉如雪，红的如火如血；酷日当空的盛夏，这里周边莲叶无穷碧，是人们消暑觅凉的佳地；秋天红叶夕照，金桂飘香，游人如织，入夜三塔拜月，月色溶溶，波光粼粼，多少游人长夜流连忘返；隆冬季节，在这里放眼湖山，粉妆玉琢，银装素裹，云根岛旁腊梅怒放，镜天园中冬花吐艳，清香四溢，使人进入"疏影横斜水清浅，暗香浮动月黄昏"的意境（图 3-1-2-36）。

图 3-1-2-36　镇江金山风景名胜区三塔映月景观

3.1.3　特色景观

禅宗文化景观如图 3-1-3-1～图 3-1-3-8 所示。

图 3-1-3-1　镇江金山风景名胜区禅宗文化景观之一

图 3-1-3-2　镇江金山风景名胜区禅宗文化景观之二

图 3-1-3-3　镇江金山风景名胜区禅宗文化景观之三

图 3-1-3-4　镇江金山风景名胜区禅宗文化景观之四

图 3-1-3-5　镇江金山风景名胜区禅宗文化景观之五

图 3-1-3-6　镇江金山风景名胜区禅宗文化景观之六

图 3-1-3-8　镇江金山风景名胜区禅宗文化景观之八　　　图 3-1-3-7　镇江金山风景名胜区禅宗文化景观之七

3.2 焦山风景名胜区

3.2.1 园林概况

焦山（www.zjssjq.gov.cn）又名樵山、狮子山、双峰山、乳玉山，位于镇江东面的长江之中，素有"中流砥柱"之称。因东汉末年隐士焦光避居此地，故名焦山。山高70.7米，有东、西两峰，之间又有一小峰，称别峰。焦山与金山隔江相望，称"姐妹山"。镇江名胜向以金、焦二山著称，二山各有特色，古人曰"金以巧胜，焦以拙胜；金为贵公子，焦似淡道人；金宜游，焦且隐；金宜月，焦宜雨"（图3-2-1-1和图3-2-1-2）。

焦山林木葱茏，满山青翠，李白站在焦山上"望松寥山"，写诗曰："石壁望松寥，宛然在碧霄……仙人如爱我，举手来相招。"焦山最多的是绮竹苍松，翠色滴人。远远望去，焦山如一块玉浮在江上，故焦山又称名浮玉山。寺庵楼阁皆掩隐于茂林修竹之中，有"焦山山裹寺"之说，与"金山寺裹山"相应。

图3-2-1-1 镇江焦山风景名胜区入口景观之一

图3-2-1-2 镇江焦山风景名胜区入口景观之二

焦山位于长江之中，自古以来就是军事要地，曾出现过"焦圃险要屯包港，宋代兴亡战夹滩"的壮烈场面。清道光二十二年（1842），英军发动的扬子江侵略战役，遭到了守卫焦山的清军数千人的英勇抵抗，沉重地打击了英军的嚣张气焰，在我国近代反帝斗争史上写下了光辉的一页。革命导师恩格斯在《英人对华新远征》一文中赞道："如果这些侵略者到处都遭到同样的抵抗，他们绝对到不了南京。"

古刹梵音，古碑荟萃，古刻纷呈，古树葱茏，给这座名山增添了无穷雅趣。焦山，现为国家重点风景名胜区，国家5A级旅游区，是万里长江中唯一一座四面环水可供游人观光探幽的岛屿，犹如中流砥柱，满山苍翠，宛若碧玉浮江（图3-2-1-3和图3-2-1-4）。

图 3-2-1-3　镇江焦山风景名胜区景观之一

图 3-2-1-4　镇江焦山风景名胜区景观之二

3.2.2　景点赏析

1．瘗鹤铭

《瘗鹤铭》乃六朝石刻，作者为葬鹤而作斯铭。原在焦山西麓雷轰岩上，不知何年，石崩坠江，受风浪浸洗，被泥沙淹没。宋代有人发现残石有字，传为奇闻。好事者拓数字示人，因其书法奇特，楷书参以篆隶，行笔苍古，体势开张，扬名于世。历代文人墨客，慕名而来，争睹神采，感慨之余，寄情诗文，镌刻于崖壁，形成焦山摩崖石刻群。清康熙年间，陈鹏年募工打捞《瘗鹤铭》，得残刻五石，九十三字，砌于焦山寺壁，后移置碑林。《瘗鹤铭》以

图 3-2-2-1　镇江焦山风景名胜区瘗鹤铭建筑景观

别号代替真名，干支代替年代，故不知何人、何年所书，众说纷纭，成千古之谜。然其书法艺术，已臻极品，有"大字之祖""书家冠冕"之美誉。能一瞻此铭，亦人生幸事（图 3-2-2-1）。

2．万佛塔

万佛塔位于焦山东峰，因塔内供奉佛像一万余尊，故名。现塔高 42 米，钢筋混凝土结构，朱栏碧瓦，具有江南明清风格。全塔七层八面，每层四门通畅，周围四廊，内设两楼梯，上下分流；中心柱供奉缅甸玉佛，壁龛供鎏金佛，从下而上分别为地藏、观音、普贤、文殊诸菩萨，药师佛、阿弥陀佛、释迦牟尼佛。天花板上绘飞天彩画，外墙饰护法诸天像。塔下有地宫，绘有唐三彩壁画万方礼佛图。塔顶装红色航标灯，可为长江行船导航。塔院南北设门厅、碑廊，门厅悬赵朴初题"谨当随喜"匾额。塔院大门两侧墙上嵌有"海不扬波""中流砥柱"八个大字（图 3-2-2-2）。

图 3-2-2-2　镇江焦山风景名胜区万佛塔远景之一

3. 吸江楼

吸江楼耸立在焦山东峰绝顶，原名吸江亭，初建于宋，明弘治年间（约 1487 年）移建于西峰顶焦山塔旧址。楼上四面开窗，临窗远眺，江江浩瀚，尽入眼底，江涛激浪似与人呼吸相应和，故有此名。清乾隆二十六年（1761），复建于东峰，因亭内四面有木雕佛像，所以又叫四面佛亭。

1981 年重建吸江楼呈八角形，整个结构为水泥仿木，有楼梯盘旋而上，回廊四通，八面有景。楼为两层，上层横额题有"吸江楼"三字，底层横额写有"江山胜概"四个大字。登楼远眺，大江南北旖旎风光，佳处妙景尽收眼底。江北碧野辽阔，阡陌纵横，一望无际，江南苍翠青山，连丘叠嶂。此外视野广阔，气象万千，令人精神顿爽。吸江楼为观赏日出佳处，陆游曾有"水天皆赤，真伟观也"的赞叹（图 3-2-2-3 和图 3-2-2-4）。

图 3-2-2-3　镇江焦山风景名胜区吸江楼景观之一

图 3-2-2-4　镇江焦山风景名胜区吸江楼景观之二

4. 别峰庵

别峰庵在吸江楼之西，焦山双峰之阴的别岭上，绿竹幽林掩映着一座四合庭院，称别峰庵。别峰乃是指该岭有别于焦山山顶的主峰（东峰和西峰）之意。清代大书画家、诗人郑板桥当年曾在这里读过书，别峰庵因此名闻遐迩。别峰庵始建于宋代，宋代高僧佛印法师有诗云："绝顶无寻处，何人为指南。回头见知识，原在别峰庵。"明人章诏又有诗云："竹密凝无路，云开忽到门。转看诸院子，独见一峰尊。"深山孤寺，人迹罕至的别峰庵，庵内北侧有小斋三间，天井中有一花坛，桂花树两株，修竹数竿，

图 3-2-2-5　镇江焦山风景名胜区别峰庵景观

环境清雅幽绝。这里就是世称诗、书、画"三绝"的清明著名画家、扬州八怪之一的郑板桥于雍正年间在此攻读之处。现在过道门头上题有"郑板桥读书处"的横额，门上保留郑板桥手书对联："室雅何须大；花香不在多"（图 3-2-2-5）。

5. 三诏洞

三诏洞，相传是东汉末年焦光弃官隐居在此。焦光学术高深，精通医学，他生活清贫，衣食简朴，以樵柴为生，终年为周围渔民诊治。当年汉献帝刘协曾三下诏书请焦光出山做官，他不愿和腐败的朝廷同流合污，世称"三诏不起"。后人为了纪念这位隐士，将此洞称为"三诏洞"，改樵山为焦山。三诏洞，洞门面江，洞内塑有焦公座像，身穿隐士服，脚穿草鞋，右手执书卷，仪表大方，正襟端坐，形象生动（图 3-2-2-6 和图 3-2-2-7）。

图 3-2-2-6　镇江焦山风景名胜区三诏洞牌坊景观　　图 3-2-2-7　镇江焦山风景名胜区三诏洞景观

图 3-2-2-8　镇江焦山风景名胜区壮观亭景观

6．壮观亭

壮观亭位于焦山西南半山间。明天顺八年（1464），郡守姚堂见此处南临铁瓮城，北瞰瓜洲，西接金陵，东控海门，绿水青山，尽揽有之，乃在此建亭。故取李白"登高壮观天地间，大江茫茫去不还"诗意，将亭命名为"壮观亭"。后废圮。明正德年间，僧妙宁重建，清康熙年间改建。壮观亭呈六角形，石柱上刻有三副楹联："江天共一览；心迹喜双清"；"砥柱镇中流，此处好穷千里目；海门吞夜月，何人领取大江秋"；"金山共此一江水；王母来寻五色龙"。亭旁有千年六朝古柏，挺拔潇洒，似蛟龙昂首，顶天立地，至今还枝叶茂盛，苍翠葱郁，自成一景（图 3-2-2-8）。

7．定慧寺

定慧寺始建于东汉兴平年间，距今已有1800多年历史。原名普济寺，宋朝时称普济禅院，元代改称焦山寺，清康熙南巡来游焦山时改名为定慧寺，一直沿用至今。"定慧"二字，取于佛家"由戒生定，因定发慧，寂照又融，定慧均等"之意。"定"，即去掉一切私心杂念，思想高度集中；"慧"，即由"闻""思""修"三条途径来增长智慧。"定慧"二字是佛家修行之纲领，可见"定慧"二字颇有深意（图 3-2-2-9）。

定慧寺的山门朝南，面对象山，游人在此展望，富有"大江东去，群山西来"之感。山门颇为古色古香，庄严典雅。门前明代石狮一对，威武森严。门楣悬"焦山定慧寺"匾额，为茗山大佛师亲书。山门楹联："长江此天堑；中国有圣人"。在山门迎面的照壁上有明代进士胡缵宗所题"海不扬波"四个大字，显示了佛教世界清平之意。走进山门，穿过天王殿，定慧寺天王殿前有座木结构的御碑亭，亭中竖一石碑，碑刻乾隆第一次南巡时所作《游焦山歌》，背刻乾隆第三次南巡时所作《游焦山作歌叠旧作韵》（图 3-2-2-10 和图 3-2-2-11）。

大雄宝殿是定慧寺的主体建筑，仍保持明代风格，屋顶雕龙描凤，图案精美，国内外罕见。殿堂金碧辉煌、巍峨壮观。殿内有一盏长明灯高悬在半空，清康熙皇帝所书"香林"两字闪烁于烛光香烟之中，

图 3-2-2-9　镇江焦山风景名胜区定慧寺整体景观

充满着庄严肃穆的气氛。大殿正中供奉着释迦牟尼、药师、弥陀三尊大佛高坐在莲花宝座上，面容和蔼慈祥、庄严肃穆。大殿两旁分别排列着十八罗汉像，造型生动，姿态各异，脸容不同，个个神采奕奕、栩栩如生。大殿前有两株近500年的银杏树，高大参天，虽历经千载风霜，却仍然枝叶繁茂，雄姿不减当年（图3-2-2-12～图3-2-2-14）。

图 3-2-2-10　镇江焦山风景名胜区定慧寺景观之一

图 3-2-2-11　镇江焦山风景名胜区定慧寺景观之二

图 3-2-2-12　镇江焦山风景名胜区定慧寺景观之三

图 3-2-2-13　镇江焦山风景名胜区定慧寺景观之四

图 3-2-2-14 镇江焦山风景名胜区定慧寺景观之五

8. 观澜阁

观澜阁位于定慧寺东，是乾隆皇帝南巡时逗留的行宫，是一座精致小巧的古雅庭院，行宫为两层建筑，古代阁外惊涛骇浪，波澜壮阔，潮声震天，故名观澜阁。阁前有一排古枫杨挺拔秀丽，楼上下东、南、西三面是明窗若镜，在楼上长廊观赏江景，视野开阔，近看花木扶疏，远眺江波汹涌，白云隐逸，群山争秀，真是一幅美妙的图画（图 3-2-2-15）。

图 3-2-2-15 镇江焦山风景名胜区观澜阁（焦山行宫）景观

9. 华严阁

华严阁位于焦山西麓。清代焦山寺僧元谐在原三峰阁遗址创建华严阁，后废。

1931 年定慧寺方丈慧莲法师亲率寺僧二百余人赴外地运石至焦山，建此华严阁。华严阁为面临大江，背依峭壁的两层建筑，占地面积约 300 平方米。1979 年中国佛教协会会长赵朴初为其题"无尽藏"匾。"华严"二字出自《华严经》，含"百花齐放，包罗万象"之意。楼上厅堂正中挂有"一片浮玉；十分江景"的对联，对登楼观景有画龙点睛之妙。华严阁是赏月的佳地，"华严月色"历为焦山最

图 3-2-2-16　镇江焦山风景名胜区华严阁景观

富诗意的十六景之一。每当皓月当空，江上银涛万顷，波光粼粼，碧空如洗，交相辉映，蔚为奇观，仿佛置身于水晶宫，恍若进入仙境（图 3-2-2-16）。

10. 焦山古炮台

焦山古炮台是近代史上中国人民抵御外侮、抗击侵略的一处重要历史遗迹，现为省级文保单位。它位于焦山东北角，建于道光二十年（1840）。长约 80 米，宽 55 米左右，呈扇形，有暗堡式炮位 8 个，块石基础，黄泥石灰质地，占地 3000 平方米。炮台西侧有弹药库一座，外为黄泥石灰材料，内层为水泥砂石材料。焦山古炮台的存在，使焦山不仅是一处风景优美的江中浮玉、书法之山，而且染上了一抹英雄主义的雄壮色彩（图 3-2-2-17 和图 3-2-2-18）。

图 3-2-2-17　镇江焦山风景名胜区古炮台景观之一

图 3-2-2-18　镇江焦山风景名胜区古炮台景观之二

3.2.3　特色景观

1. 焦山碑林

焦山的独特之处，那就是闻名遐迩的江南第一大碑林——焦山碑林，气势磅礴的

摩崖石刻和碑刻艺术，使焦山成为蜚声海内外的书法之山。焦山碑刻，篆、隶、真、草、行诸体皆备，风格迥异，或苍古峭拔，纵逸奇深，或严整舒朗，浑然厚重，真可谓汇千年古刻之隽美，融百家书法之精神。

焦山碑林现存重要摩崖石刻 80 多处，藏碑 400 余方。其中有被历代书家尊称为"大字之祖"的六朝《瘗鹤铭》、唐《金刚经偈句》、《魏法师碑》、宋代米芾临《兰亭序》、《禹迹图》等。所藏碑刻以反映历代文人、士大夫的思想感情为主，如抒情言志的陆游《踏雪观瘗鹤铭》、《吴琚焦山诗》、《吴迈游焦山诗》等，相互酬唱的《澄鉴堂石刻》、《齐彦槐焦山唱和诗》等。北有《石门铭》，南有《瘗鹤铭》，焦山碑林与西安碑林一南一北，各领风骚，有人说西安碑林是雄浑的黄河文化的象征，而焦山碑林则是清奇的长江文化的凝结（图 3-2-3-1～图 3-2-3-8）。

图 3-2-3-1　镇江焦山风景名胜区焦山碑林园门景观

图 3-2-3-2　镇江焦山风景名胜区焦山碑林入口花台景观

图 3-2-3-3　镇江焦山风景名胜区焦山碑林庭院回廊景观

图 3-2-3-4　镇江焦山风景名胜区焦山碑林瘗鹤铭残碑景观

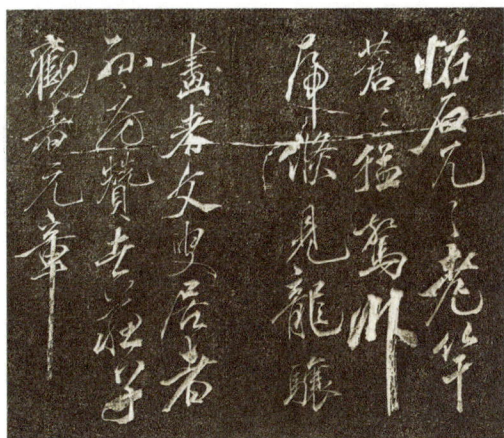

图 3-2-3-5　镇江焦山风景名胜区焦山碑林书法
碑刻景观之一

图 3-2-3-6　镇江焦山风景名胜区焦山碑林
书法碑刻景观之二

图 3-2-3-7　镇江焦山风景名胜区焦山碑林御碑亭景观

图 3-2-3-8　镇江焦山风景名胜区焦山碑林
乾隆御碑景观

2. 摩崖石刻

镇江焦山摩崖石刻历史悠久、源远流长、气势磅礴、蔚为壮观，上起六朝，下迄辛亥革命后。现存石刻 79 块，绵延约 150 米，面积约 100 平方米。摩崖石刻内容既有抒发忧国之愤的，也有怀古颂今、寄托抱负的；既有阐述佛经教义的，也有摘录道家微言的，而更多的则是张扬个人情怀和个性的文人类作品。焦山摩崖石刻不仅具有极高的书法艺术价值，同时具有相当的文学和历史研究价值，是我国历史文化遗产的重要组成部分，是南方摩崖书法中一颗璀璨夺目的明珠。焦山因碑林与摩崖石刻交相辉映而被冠以"书法之山"的美名（图 3-2-3-9～图 3-2-3-12）。

图 3-2-3-9　镇江焦山风景名胜区摩崖石刻景观之一

图 3-2-3-10　镇江焦山风景名胜区摩崖石刻
景观之二

图 3-2-3-11　镇江焦山风景名胜区摩崖石刻
景观之三

图 3-2-3-12　镇江焦山风景名胜区摩崖石刻
景观之四

3.3 北固山风景名胜区

3.3.1　园林概况

北固山（www.zjssjq.gov.cn）位于江苏镇江，由于北临长江，形势险固，故名"北

固"，高约 58 米，长约 200 米。山壁陡峭，形势险固，南朝梁武帝曾题书"天下第一江山"来赞其形胜。甘露寺，雄居北固山山巅，建于东吴甘露年间，有许多有关三国时代吴国的传说和遗迹。北固山与金山、焦山成掎角之势，三山鼎立，在控楚负吴方面北固山更显出雄壮险要（图 3-3-1-1 和图 3-3-1-2）。

北固山由前峰、中峰和后峰三部分组成，主峰即后峰，是风景最佳处。前峰原为东吴古宫殿遗址，现已辟为镇江烈士陵园；中峰上原有气象楼，现改为国画馆；后峰为北固山主峰，北临扬子江（长江），三面悬崖，地势险峻，山上到处都是树木，名胜古迹多在其上。北固山素以"天下第一江山"闻名于世。登上山顶，东看焦山，西望金山，隔江相望，扬州平山堂清晰可见，确使人感到"金焦两山小，吴楚一江分"。（图 3-3-1-3 和图 3-3-1-4）。

甘露寺东侧山壁上，嵌有一条石，上镌"天下第一江山"六个大字，相传为梁武帝所书。条石对面通往甘露寺的拱门上，镌有"南徐净域"题额，东晋时改镇江为徐州，故名"南徐"。

穿过拱门，即抵北峰之巅的甘露寺，相传是刘备招亲之处。寺内有大殿、老君殿、观音殿和江声阁等建筑，形成了"寺冠山"的特色。康熙、乾隆二帝曾在此建行宫，留有御碑，是我国古代著名的古刹之一。现在寺后留有刘备、孙权同坐过的

图 3-3-1-1　镇江北固山风景区入口牌坊景观

图 3-3-1-2　镇江北固山风景区标示石刻景观

图 3-3-1-3　镇江北固山风景区入口园门景观

图 3-3-1-4　镇江北固山风景区入口园林景观

狠石，其状如无角伏羊，寺西有一条砖砌坡路，传为孙权、刘备并肩赛马的溜马涧。甘露寺后的多景楼，是北固山风景的最佳处。楼名取自唐李德裕诗句"多景悬窗牖"，为古代长江三大名楼之一。米芾所书"天下江山第一楼"的匾额，高悬在楼额之上。宋元以来，历代文人名士，达官显贵，在此诗酒唱和，欧阳修、苏轼、米芾、辛弃疾和陆游等，都曾留下许多著名的诗作。登上多景楼，凭栏远眺，山光水色，奇景异姿，尽入眼帘。

3.3.2 景点赏析

1. 凤凰池

北固山西侧，一池碧波映入眼帘，即凤凰池。凤凰池景色清幽，池水碧渌，风过池塘水光粼粼。朱元璋打下镇江后，自称吴王，常到凤凰池来，曾临池召选儒生，物色可用之才（图3-3-2-1和图3-3-2-2）。

图3-3-2-1　镇江北固山风景区凤凰池景观之一

图3-3-2-2　镇江北固山风景区凤凰池景观之二

图3-3-2-3　镇江北固山风景区试剑石石刻景观

2. 试剑石

凤凰池右边，有巨石一分为二，中间裂缝，平整如削，石上"试剑石"三字清晰可辨。试剑石旁有刘备、孙权石雕像，两人长袖宽袍，手执利剑，线条简洁有力，特别是两脸相向的表情，虽是写意性的粗粗几笔，但欲联欲拒、各怀心机的深沉却表露无遗，很让人玩味（图3-3-2-3）。

3. 铁塔

铁塔，又名卫公塔，位于北固山后峰之东南，清晖亭东侧。铁塔初建于唐宝历年间（825~826），是唐李德裕为"唐穆宗之冥福"而建。于1960年对铁塔保护性修复中发现塔下地宫，共出土文物2576件，内有金棺、银椁及舍利子，包括李德裕亲自书写的《重瘗禅众寺舍利题记》石刻。

铁塔是我国目前仅存的六座铁塔之一，结构为平面八角形，乾隆六下江南曾留诗"长江好似砚池波，提起金焦当墨磨。铁塔一枝堪作笔，青天够写几行多"（图3-3-2-4）。

4.《望月望乡》诗碑

《望月望乡》诗碑碑上诗文系日本使臣阿倍仲麻吕（汉名晁衡）所作。晁衡在中国长安进唐太学读书，后考中进士，与唐代著名诗人王维、李白等交谊甚深。唐太宗对他的才华非常器重，先后任命他为唐王朝秘书监卫财卿、镇南都护等职。753年晁衡受命为唐使，与鉴真大师及日本使臣

图3-3-2-4　镇江北固山风景区铁塔景观

东渡，途中船泊扬子江畔，夜晚月光皎洁，晁衡思绪万千，想到36年未回故乡，欣然命笔，写下了著名五言诗《望月望乡》，诗中写道："翘首望东天，神驰奈良边。三笠山顶上，想又皎月圆。"此碑是1990年年底建成的。诗碑上的日文碑文由日本书道院院长田中冻云执笔，中文碑文由中国书法家协会代主席沈鹏所书，著名书法家赵朴初为诗碑题写了碑额（图3-3-2-5）。

图3-3-2-5　镇江北固山风景区《望月望乡》诗碑景观

5."天下第一江山"石刻

"天下第一江山"石刻为一长方形条石，横嵌于北固山甘露长廊坡墙上。据《三国演义》记载，"'天下第一江山'为刘备对北固山之赞语。梁武帝登北固山虽亦赞为'壮观'，然其所书'天下第一江山'应是根据刘语而来，想当年北固山雄峙江滨，三面环水，前峰与中峰绵连未断，其气象之雄伟险要，实乃天下无匹也"（图3-3-2-6和图3-3-2-7）。

图3-3-2-6　镇江北固山风景区"天下第一江山"石刻景观之一

图3-3-2-7　镇江北固山风景区"天下第一江山"石刻景观之二

6. 祭江亭

祭江亭，古称北固亭，位于北固山后峰东北角绝顶，北临长江。此亭始建于明朝万历年间，距今约有370多年的历史。取晋朝荀羡"登北固望海云，虽未睹三山，使自使人有凌云意"之意，名为"凌云亭"。相传三国时孙尚香被哥哥孙权扣留在东吴，当听到刘备兵败身死，心中痛苦，曾在此亭设奠遥祭，后投江自杀，故又称"祭江亭"。南宋爱国词人辛弃疾登北固亭，见万里长江滚滚东去，即兴抒怀，借古讽今，谴责南宋统治者的昏庸苟安，不图收复中原失地，写下了对国家前途寄予殷切希望的《南乡子·登京口北固亭有怀》及《永遇乐·京口北固亭怀古》等流传千古的佳作。"何处望神州，满眼风光北固楼。千古兴亡多少事，悠悠。不尽长江滚滚流。年少万兜鍪，坐断东南战未休。天下英雄谁敌手，曹刘。生子当如孙仲谋"。清康有为也曾为此亭题额曰"江山第一亭"。祭江亭在北固山后峰最高处，登临远眺江山景色一览无余，使人确有"此身出飞鸟""荡胸生层云"之感（图3-3-2-8）。

图3-3-2-8　北固山风景区祭江亭景观

7. 北固楼

北固楼位于北固山后峰顶，始建于东晋初期。544 年，梁朝仁威将军、临川王萧义任南徐州刺史，梁武帝萧衍御驾幸京口北固楼，登望许久，敕曰"此岭不足固守，然京口实乃壮观"(《梁书·梁本纪十四》)，欣然咏《登北固楼》诗一首，亲笔题字"天下第一江山"。自此以后，北固楼渐由军事重地成为游览及历代文人墨客赛诗题词之名楼(图 3-3-2-9～图 3-3-2-11)。

图 3-3-2-9　镇江北固山风景区北固楼远景

图 3-3-2-10　镇江北固山风景区北固楼近景

图 3-3-2-11　镇江北固山风景区北固楼"天下第一江山"匾额景观

8. 多景楼

多景楼与洞庭湖畔的岳阳楼、武汉市的黄鹤楼齐名。多景楼因米芾题书"天下江山第一楼"匾额而闻名。多景楼创建于唐代，楼名取自唐朝宰相李德裕《临江亭》"多景悬窗牖"诗句(图 3-3-2-12 和图 3-3-2-13)。陈毅当年登临北固山时曾感慨地说："不要看画了，这里就是万里长江画卷！"

9. 溜马涧

溜马涧位于北固山后峰的西北侧。传说，刘备在甘露寺相亲后，与孙权在寺中饮酒，刘备看到江中船帆点点，便说："南人善驾舟，北人善乘马，信有之也。"孙权以为刘备在讽刺自己不会骑马，立即跨上马在山上跑了趟，刘备也腾身上马，山上山下驰骋一番，后人称之为"溜马涧"。明朝崇祯年间，夜郎(云南)人朱云熙曾书"溜马涧"三字，刻于临江的岩石上，至今还在。清朝光绪二十 (1894) 春，长白穆克登布书"古走马涧"四字，刻石，为园门横额 (图 3-3-2-14 和图 3-3-2-15)。

图 3-3-2-12　镇江北固山风景区多景楼景观之一

图 3-3-2-13　镇江北固山风景区多景楼景观之二

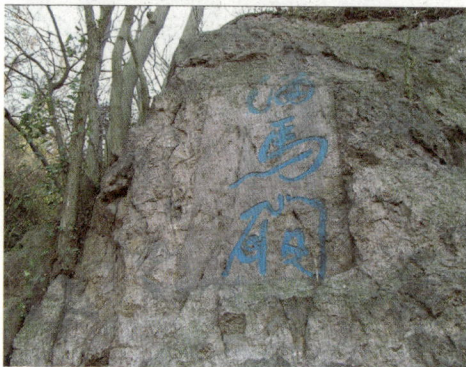

图 3-3-2-14　镇江北固山风景区溜马涧摩崖　　　图 3-3-2-15　镇江北固山风景区"古走马涧"洞门
　　　　　　　石刻景观　　　　　　　　　　　　　　　　　　题刻景观

10. 古甘露寺

甘露寺，传说是刘备结婚的大殿，始建于东汉末年，寺额是张飞的亲笔。京剧《刘备招亲》、《甘露寺》等传统剧目一直很受欢迎，古往今来，到镇江的游客，都喜欢到此一游，寻访当年刘备招亲的遗迹（图 3-3-2-16～图 3-3-2-20）。

11. 鲁肃墓

鲁肃墓占地超过 100 平方米，坐北向南，依山而成。墓碑的正面书"吴横江将军鲁肃之墓"。鲁肃是临淮东城（今安徽定远）人，生而失父，与祖母居，家富于财，性好施予，是东吴开国元勋，著名军事家、政治家和外交家。孙权曾感慨地对大臣们说："当初只有鲁肃预料到今天，他是一个明于事理、掌握大势的人才啊！"清代张崇兰作《鲁肃墓》诗曰："年少粗疏未可轻，榻边规画最分明。直将

图 3-3-2-16 镇江北固山风景区古甘露寺仰视景观

图 3-3-2-17 镇江北固山风景区古甘露寺近景

图 3-3-2-18 北固山风景区古甘露寺石刻景观之一

图 3-3-2-19 北固山风景区古甘露寺石刻景观之二

图 3-3-2-20 镇江北固山风景区古甘露寺旁乾隆
御碑景观

诸葛同心事，空被张昭识姓名。"鲁肃死后，孙权多处修建鲁肃墓，足见其思念之情（图 3-3-2-21～图 3-3-2-24）。

12. 太史慈墓

太史慈墓在北固山中峰的西南麓。1872 年修筑镇江城墙时发现太史慈墓碑，后屡次修建。抗战前曾修茸一新，后因塌山被埋没。2010 年对太史慈墓进行维修建设，新建了太史慈功德碑。

太史慈是东汉末年名将、孝义英雄，史书上称他"猿臂善射""弦不虚发"。后来

图 3-3-2-21　镇江北固山风景区鲁肃墓景观之一

图 3-3-2-22　镇江北固山风景区鲁肃墓景观之二

图 3-3-2-23　镇江北固山风景区鲁肃墓纪念亭景观

图 3-3-2-24　镇江北固山风景区鲁肃墓纪念碑景观

太史慈立战功无数，因合肥之战中箭致伤，回镇江医治无效去世，临终前大呼："丈夫生世，当带七尺之剑，以升天子之阶。今所志未从，奈何而死乎！"孙权将其厚葬于北固山下，标明"东莱太史慈子义之墓"（图 3-3-2-25 和图 3-3-2-26）。

图 3-3-2-25　镇江北固山风景区太史慈墓景观

图 3-3-2-26　镇江北固山风景区太史慈功德碑景观

3.3.3 特色景观

1. 景门题刻（图 3-3-3-1～图 3-3-3-6）

图 3-3-3-1 镇江北固山风景区景门题刻景观之一

图 3-3-3-2 镇江北固山风景区景门题刻景观之二

图 3-3-3-3 镇江北固山风景区景门题刻景观之三

图 3-3-3-4 镇江北固山风景区景门题刻景观之四

图 3-3-3-5 镇江北固山风景区景门题刻景观之五

图 3-3-3-6 镇江北固山风景区景门题刻景观之六

2. 石刻小品（图 3-3-3-7～图 3-3-3-12）

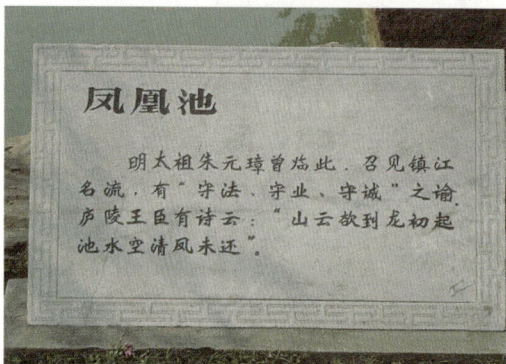

图 3-3-3-7　镇江北固山风景区石刻小品景观之一

图 3-3-3-8　镇江北固山风景区石刻小品景观之二

图 3-3-3-9　镇江北固山风景区石刻小品景观之三

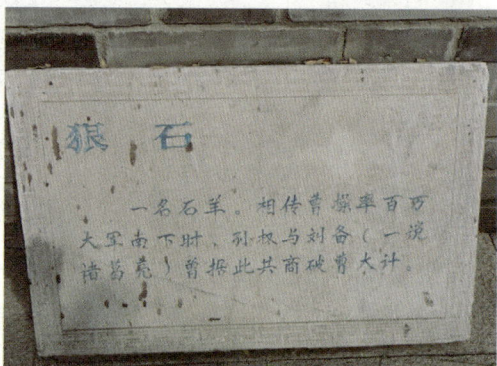

图 3-3-3-10　镇江北固山风景区石刻小品景观之四

图 3-3-3-11　镇江北固山风景区石刻小品景观之五

图 3-3-3-12　镇江北固山风景区石刻小品景观之六

4

无锡篇

　　无锡，古称梁溪、金匮，被誉为"太湖明珠"。无锡市位于长江三角洲平原腹地，北倚长江，南濒太湖，东接苏州，西连常州，构成苏锡常都市圈。无锡自古就是"鱼米之乡"，素有"布码头""钱码头""窑码头""丝都""米市"之称，是中国国家历史文化名城。无锡有鼋头渚、灵山大佛、影视城、梅园、蠡园、惠山古镇、东林书院、南禅寺等园林景点，是中国优秀旅游城市之一。"太湖佳绝处，毕竟在鼋头"是诗人郭沫若用来形容无锡太湖绝佳风景的。

4.1 太湖鼋头渚风景名胜区

4.1.1 园林概况

太湖（www.ytz.com.cn），又名震泽、具区，面积 2400 多平方公里，是我国五大淡水湖之一，为国家重点风景名胜区。鼋头渚为太湖西北岸无锡境内的一个半岛，因有巨石突入湖中，状如浮鼋翘首而得名，是太湖风景名胜区的主要景点之一。

太湖风光融淡雅清秀与雄奇壮阔于一体，碧水辽阔，烟波浩淼，峰峦隐现，气象万千。鼋头渚，独占太湖风景最美一角，山清水秀，天然胜景。大文豪郭沫若诗赞"太湖佳绝处，毕竟在鼋头"，更使鼋头渚风韵名扬境内海外。鼋头渚风景区现有充山隐秀、鹿顶迎晖、鼋渚春涛、横云山庄、万浪卷雪、湖山真意、十里芳径、太湖仙岛、江南兰苑、樱花谷、无锡人杰苑及中犊晨雾、广福古寺等 10 多处景点。其中有山长水阔、帆影点点的自然山水画卷；有小桥流水，绿树人家的山乡田园风光；有典雅精致、古朴纯净的江南园林景致；加上历代名人雅士游踪、石刻、书画、传说等诸多内涵深厚的文化积淀，构成了此地以天然山水为主、人工点缀为辅的综合性风景旅游胜地（图 4-1-1-1～图 4-1-1-6）。

图 4-1-1-1　无锡鼋头渚风景名胜区导览图

图 4-1-1-2　无锡鼋头渚风景名胜区入口广场景观

图 4-1-1-3　无锡鼋头渚风景名胜区美景之一

图 4-1-1-4　无锡鼋头渚风景名胜区美景之二

图 4-1-1-5　无锡鼋头渚风景名胜区美景之三

图 4-1-1-6　无锡鼋头渚风景名胜区美景之四

4.1.2 景点赏析

1. 鼋渚春涛

鼋渚春涛是鼋头渚的精华景区，这里山林亭台隐现，湖畔灯塔高耸；远望岛屿沉浮，近闻浪涛拍岸。众多景点罗列湖岸，处处凸现历史风云之积淀。主要景点有灯塔、"鼋头渚"石碑、"横云"摩崖石刻、"震泽神鼋"铜像、澄澜堂、飞云阁等（图4-1-2-1～图4-1-2-4）。

图 4-1-2-1　无锡鼋头渚风景名胜区鼋渚春涛石刻景观之一

图 4-1-2-2　无锡鼋头渚风景名胜区鼋渚春涛石刻景观之二

图 4-1-2-3　无锡鼋头渚风景名胜区鼋渚春涛整体景观

图 4-1-2-4　无锡鼋头渚风景名胜区鼋渚春涛早春景观

2. 横云山庄

步入"太湖佳绝处"门楼，便是鼋头渚古典园林景区。这里，濒湖倚山，亭台廊榭，小桥流水，一派江南水乡古典园林风貌，长春桥、绛雪轩、"具区胜境"牌坊、徐霞客铜像、诵芬堂、净香水榭等景点分布其间（图4-1-2-5～图4-1-2-12）。

图 4-1-2-5　无锡鼋头渚风景名胜区"太湖佳绝处"
门楼景观

图 4-1-2-6　无锡鼋头渚风景名胜区横云山庄
牌坊景观

图 4-1-2-7　无锡鼋头渚风景名胜区横云山庄
徐霞客雕像景观

图 4-1-2-8　无锡鼋头渚风景名胜区横云山庄
长春花漪景观之一

图 4-1-2-9　无锡鼋头渚风景名胜区横云山庄
长春花漪景观之二

图 4-1-2-10　无锡鼋头渚风景名胜区横云山庄
长春桥之冬雪景观

图图 4-1-2-11　无锡鼋头渚风景名胜区横云山庄
长春桥灯光夜景之一

图 4-1-2-12　无锡鼋头渚风景名胜区横云山庄
长春桥灯光夜景之二

3. 鹿顶迎晖

鹿顶山高 96 米，为风景区最高点，山顶及山腰建有舒天阁、环碧楼、群鹿雕塑、碑刻影壁、范蠡堂、踏花亭等建筑。登高远眺，正是四时有景，八方入画，可饱览湖光山色和城市风貌（图 4-1-2-13～图 4-1-2-15）。

图 4-1-2-13　无锡鼋头渚风景名胜区鹿顶迎晖整体景观

图 4-1-2-14　无锡鼋头渚风景名胜区鹿顶迎晖碑刻影壁与舒天阁景观

图 4-1-2-15　无锡鼋头渚风景名胜区鹿顶迎晖群鹿雕塑景观

4. 充山隐秀

充山隐秀以树木花草，自然野景取胜，古树名木众多，处处鸟语花香，是太湖观赏植物园的主要所在地。景区内有醉芳楼、杏花楼、挹秀桥、花菖蒲园、聂耳纪念馆等景点（图 4-1-2-16～图 4-1-2-23）。

图 4-1-2-16　无锡鼋头渚风景名胜区充山隐秀石刻景观

图 4-1-2-17　无锡鼋头渚风景名胜区充山隐秀花木景观之一

图 4-1-2-18　无锡鼋头渚风景名胜区充山隐秀
花木景观之二

图 4-1-2-19　无锡鼋头渚风景名胜区充山隐秀
花木景观之三

图 4-1-2-20　鼋头渚风景名胜区充山隐秀花卉
景观之一

图 4-1-2-21　鼋头渚风景名胜区充山隐秀花卉
景观之二

图 4-1-2-22　鼋头渚风景名胜区充山隐秀花卉
景观之三

图 4-1-2-23　鼋头渚风景名胜区充山隐秀花卉
景观之四

5. 十里芳径

进入景区大门的主干道，有一条醉人的花树之路，这就是秀色可餐的十里芳径。

依山傍水，十里风光，移步换景。春日桃红柳绿，入夏荷塘飘香，仲秋红叶斑斓，严冬白雪皑皑，四季美景不断，处处赏心悦目（图4-1-2-24～图4-1-2-27）。

图4-1-2-24　鼋头渚风景名胜区十里芳径景观之一

图4-1-2-25　鼋头渚风景名胜区十里芳径景观之二

图4-1-2-26　鼋头渚风景名胜区十里芳径景观之三

图4-1-2-27　鼋头渚风景名胜区十里芳径景观之四

6. 藕花深处

此景点位于十里芳径蠡湖边，荷花、睡莲、浮萍等水生植物连片数里。夏日，碧叶摇曳，莲荷飘香。漫步荷塘，赏荷避暑，清风送爽，真乃舒心怡神之快事（图4-1-2-28～图4-1-2-33）。

图4-1-2-28　鼋头渚风景名胜区藕花深处景观之一

图4-1-2-29　鼋头渚风景名胜区藕花深处景观之二

图 4-1-2-30　鼋头渚风景名胜区藕花深处景观之三

图 4-1-2-31　鼋头渚风景名胜区藕花深处景观之四

图 4-1-2-32　鼋头渚风景名胜区藕花深处景观之五

图 4-1-2-33　鼋头渚风景名胜区藕花深处景观之六

7. 江南兰苑

　　江南兰苑是座以栽培、观赏兰花为主的专类园，1989 年，被中国植物学会列为中国兰花种质资源保护研究中心。园内草木繁茂，亭台错落，布置古雅，四季兰香，清幽宜人，堪称赏兰品茗之佳处（图 4-1-2-34～图 4-1-2-37）。

图 4-1-2-34　鼋头渚风景名胜区江南兰苑园门景观

图 4-1-2-35　鼋头渚风景名胜区江南兰苑室内
　　　　　　　陈设景观

图 4-1-2-36　鼋头渚风景名胜区江南兰苑兰花
景观之一

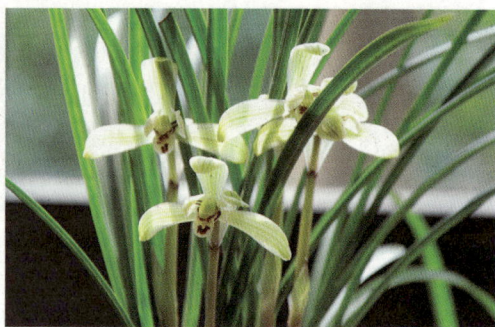

图 4-1-2-37　鼋头渚风景名胜区江南兰苑兰花
景观之二

8. 樱花谷

樱花谷位于鼋头渚景区鹿顶山北麓，既与中日樱花友谊林毗邻，又融为一体，占地 20 万平方米，植有 68 个品种的樱花 3 万余株，是国内最大的樱花专类园。樱花谷建有赏樱楼、蹑云阁、繁英轩、簇春桥等建筑。是人们踏青赏樱和开展友好交流活动的好地方（图 4-1-2-38～图 4-1-2-40）。

图 4-1-2-38　无锡鼋头渚风景名胜区樱花谷园门景观

图 4-1-2-39　鼋头渚风景名胜区樱花谷赏樱楼景观

图 4-1-2-40　鼋头渚风景名胜区樱花谷景观

9. 无锡人杰苑

无锡人杰苑地处鹿顶山麓樱花林间，由人杰馆、雕塑像、演示厅等组成，展示了60多位无锡先贤的生平业绩，成为寓教于乐的"梁溪山水客厅"和"无锡文化名片"（图4-1-2-41～图4-1-2-48）。

图4-1-2-41　鼋头渚风景名胜区无锡人杰苑
石刻景观

图4-1-2-42　鼋头渚风景名胜区无锡人杰苑
碑刻景观

图4-1-2-43　鼋头渚风景名胜区无锡人杰苑先贤
雕像景观之一

图4-1-2-44　鼋头渚风景名胜区无锡人杰苑先贤
雕像景观之二

图 4-1-2-45　鼋头渚风景名胜区无锡人杰苑先贤
雕像景观之三

图 4-1-2-46　鼋头渚风景名胜区无锡人杰苑先贤
雕像景观之四

图 4-1-2-47　鼋头渚风景名胜区无锡人杰苑先贤
雕像景观之五

图 4-1-2-48　鼋头渚风景名胜区无锡人杰苑先贤
雕像景观之六

10. 太湖仙岛

太湖仙岛原称三山岛，位于鼋头渚西南 2.6 公里的湖中，有"三山映碧"的誉称。岛上建有三山道院，有会仙桥、天街、灵霄宫、天都仙府、月老祠、大觉湾等建筑。玉宇琼楼，古乐阵阵，室内布置瑰丽雄奇，神像生动，其中玉帝塑像高达 18 米，堪称国内罕见（图 4-1-2-49～图 4-1-2-51）。

图 4-1-2-49　鼋头渚风景名胜区太湖仙岛三山道院
雕像景观之一

图 4-1-2-50　鼋头渚风景名胜区太湖仙岛
三山道院雕像景观之二

图 4-1-2-51　鼋头渚风景名胜区太湖仙岛会仙桥景观

11. 万浪卷雪

景区西部一天然水湾，建有万浪桥和曲堤。凌波漫步，长浪拍岸，每当湖风吹起，水溅珠飞，恰似雪花纷飞。傍晚，又可见夕阳归舟，渔舟夜泊之趣。侧有王昆仑纪念馆、万方楼、广福寺、陶朱阁等名胜古迹（图 4-1-2-52～图 4-1-2-57）。

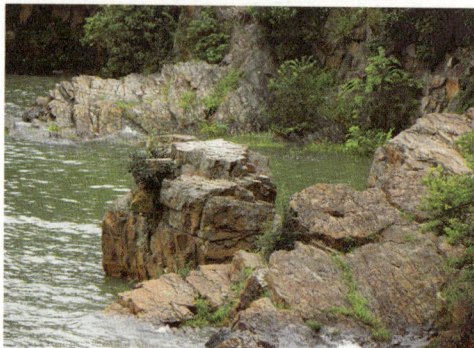

图 4-1-2-52　鼋头渚风景名胜区万浪卷雪
景观之一

图 4-1-2-53　鼋头渚风景名胜区万浪卷雪景观之二

图 4-1-2-54　鼋头渚风景区万浪卷雪广福禅寺
景观之一

图 4-1-2-55　鼋头渚风景区万浪卷雪广福禅寺
景观之二

图 4-1-2-56　鼋头渚风景区万浪卷雪广福禅寺
景观之三

图 4-1-2-57　鼋头渚风景区万浪卷雪广福禅寺
景观之四

4.1.3 特色景观

中国—无锡太湖国际樱花节如图 4-1-3-1～图 4-1-3-8。

图 4-1-3-1　中国—无锡太湖国际樱花节游赏
情景之一

图 4-1-3-2　中国—无锡太湖国际樱花节游赏
情景之二

图 4-1-3-3　中国—无锡太湖国际樱花节游赏
情景之三

图 4-1-3-4　中国—无锡太湖国际樱花节游赏
情景之四

图 4-1-3-5　太湖鼋头渚风景名胜区樱花景观之一

图 4-1-3-6　太湖鼋头渚风景名胜区樱花景观之二

图 4-1-3-7　太湖鼋头渚风景名胜区樱花景观之三

图 4-1-3-8　太湖鼋头渚风景名胜区樱花景观之四

4.2 蠡湖风景区

4.2.1　园林概况

相传在 2400 多年前的春秋时期，吴越在夫椒一战，越王勾践战败被俘。越国大夫范蠡出谋划策，勾践忍辱负重，采取"卧薪尝胆，励精图治"的决策，并在诸暨苎罗山若耶溪觅得绝色美人西施，授以辱身报国的使命，进献吴王，使吴王夫差沉湎于酒色，对越失去戒备，并杀掉了忠臣伍子胥。吴国被灭，范蠡功居首位。范蠡知勾践猜疑心重，只能共患难，不可共安乐，便功成身退，偕西施泛舟于太湖，遨游于七十二峰。范蠡进入五里湖后，留恋这里的秀丽景色，终日泛舟湖上，久久不忍离去，此后，民间就把五里湖改称为蠡湖（www.wxlihu.com）。

古往今来，蠡湖的秀美景色，一直得到有识之士的称颂。明代无锡人华淑，把蠡湖和西湖相比，认为"西湖之胜：以艳、以秀、以嫩、以园、以堤、以桥、以亭、以祠墓、以雉堞、以桃柳、以歌舞，如美人；蠡湖之胜：以旷、以老、以逸、以莽荡、以苍凉，侠乎？仙乎？而于雪、于月、于烟雨，于长风淡霭"，则更为悦目爽神（图 4-2-1-1）。

蠡湖山水组合奇佳，山外有山，湖中有湖，风光旖旎，山水独胜。近年来，无锡陆续投入近百亿元规划建设了具有 38 公里沿湖岸线、9.1 平方公里水域面积的十八湾生态风光带。同时，还以蠡湖地区深厚的文化底蕴为基础，以江南园林的独特造诣为特色，结合现代园林艺术，相继修复了蠡湖公园、中央公园、渤公岛生态公园、水居苑、蠡湖大桥公园、长广溪湿地公园、宝界公园、管社山庄、金城湾公园等 15 个具有完整游览要素的公园，以及长广溪湿地科普馆、西堤、蠡堤、蠡湖展示馆等 4 处参观游乐景点。目前，景区内提供餐饮、游船、科普、文娱、展演等多方位服务，是市民和游客休闲旅游的理想场所（图 4-2-1-2 和图 4-2-1-3）。

图 4-2-1-1　无锡蠡湖风景区总导览图

图 4-2-1-2　无锡蠡湖风景区蠡湖美景之一

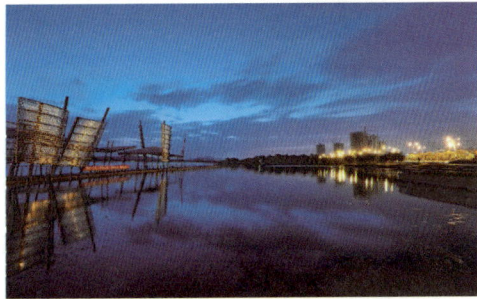

图 4-2-1-3　无锡蠡湖风景区蠡湖美景之二

4.2.2　景点赏析

1．江南名园——蠡园

蠡园，地处风光秀美的蠡湖之滨，是国家重点名胜区太湖的主要景点之一。它占地 123 亩，其中水域面积约 2/5，以水景见长。该园三面环水，远眺翠嶂连绵，近闻长浪拍岸；南堤春晓，桃红柳绿；枕水长廊，步移景换；假山耸翠，曲折盘旋；亭台楼阁，层波叠影。当代大文豪郭沫若咏有佳句："欲识蠡园趣，崖头问少年。"而且蠡园假山就水而叠，因水而活，尽显山水交融之"假山真水"的无限情趣（图 4-2-2-1）。

1）假山耸翠景区

蠡园有"真水假山"之说。"真水"指五里湖水，"假山"即指用湖石所垒的云字假山群，群体之大，数量之多，不亚于苏州狮子林。古木深处，尽是湖石假山，颇似群峰林立，幽谷深邃。一条山径，曲折盘旋，忽高忽低，忽明忽暗，置身其间，闻声不见人，如入迷宫。又因湖石的形状如天上变幻无穷的云朵，故以"云"字命名，有云脚、穿云、

图 4-2-2-1　无锡蠡湖风景区蠡园公园游览图

朵云、盘云、归云、留云等，犹如人在山中走，满身云雾绕。假山之侧，配以小亭、莲舫、池塘、小溪、曲桥、石笋，缀以青松翠竹及各种名贵花木，具有会稽兰亭风范，故假山石径旁石碑上刻《兰亭集序》中"此地有崇山峻岭，茂林修竹，又有清流激湍，映带左右……"（图 4-2-2-2～图 4-2-2-5）。

图 4-2-2-2　蠡园假山耸翠景区假山景观之一

图 4-2-2-3　蠡园假山耸翠景区假山景观之二

图 4-2-2-4 蠡园假山耸翠景区假山景观之三

图 4-2-2-5 蠡园假山耸翠景区假山景观之四

（1）莲舫。莲舫是一座建于 1930 年的船形建筑，三面临池，一侧与驳岸相接，前舱装有落地长窗，中舱有矮墙花窗，尾舱隔粉墙栏杆和进出船舱的小门。游人置身其间，颇有倚窗凭栏"半亩方塘一鉴开，天光云影共徘徊"的意境。过池塘，有座古轩，三面开窗，朱栏绕轩，前临小溪，后倚松竹，风光甚是旖旎（图 4-2-2-6 和图 4-2-2-7）。

图 4-2-2-6 蠡园假山耸翠景区莲舫景观之一

图 4-2-2-7 蠡园假山耸翠景区莲舫景观之二

（2）洗耳泉。此泉在假山群南的石路间。1930 年，陈梅芳浚一泉，据"酒醒谁鼓《松风操》，炷罢炉熏洗耳听"之句，取名洗耳泉，并有博采众议之意。泉的周围，叠石如耳郭；泉井直径 1 米，亦如耳洞；旁卧一石，形如狮（图 4-2-2-8）。

（3）潜鱼池。洗耳泉之侧为荷池，池畔广堆湖石，形如十二生肖。池上有石板小桥，上镌"潜鱼"二字，细看小溪如鱼，方知"潜鱼"之妙。由于潜鱼池的北岸，即为十二生肖石，它们可以对应每一位游客的属相，因此生肖石和潜鱼池合在一起，就祝福到此一游的每位游客：年年有余，岁岁平安，鱼跃龙门，心想事成（图 4-2-2-9 和图 4-2-2-10）。

图 4-2-2-8 蠡园假山耸翠景区
洗耳泉景观

图 4-2-2-9　蠡园假山耸翠景区潜鱼池景观之一

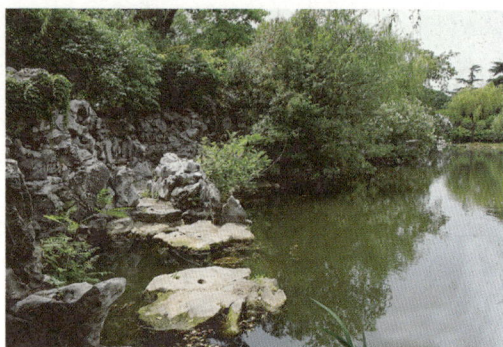

图 4-2-2-10　蠡园假山耸翠景区潜鱼池景观之二

2）南堤春晓景区（图 4-2-2-11 和图 4-2-2-12）

图 4-2-2-11　蠡园南堤春晓景观之一

图 4-2-2-12　蠡园南堤春晓景观之二

（1）桂林天香。（缘潜鱼池循路前行，假山群西侧，有老桂树数十株，郁郁葱葱，此即为南堤春晓景区的首景——桂林天香）。桂林天香原为辛亥革命后虞循真所辟"青祁八景"之一，有老桂树数十棵，碧叶簇拥，繁花如碎金。景名出自"桂子月中落，天香云外飘"之典。仲秋时节，丹桂飘香，花好月圆，令人遐想。桂树丛中建有一竹制小亭，取名"月老亭"。亭柱上刻有楹联"愿天下有情人都成了眷属；是前生注定事莫错过姻缘。"（图 4-2-2-13）。

图 4-2-2-13　蠡园南堤春晓景区月老亭景观

（2）百花山房。百花山房位于蠡园入口处西侧，有湖石、假山、修竹、土岗，自成一坞。坞内有平屋 5 间，名百花山房，原属渔庄，建于 1930 年。山房弯椽飞檐，3 明 2 暗，中间 3 楹，前后均有 6 扇古式落地长窗，四周花窗栏杆，精细雕饰。厅堂内正中悬"百花山房"匾额，厅室内摆设着精美的红木家具，墙壁上悬挂着梅、兰、竹、菊条屏。房后有湖山石叠成的假山坞，植有芭蕉、棕榈，颇具南国风光。房前土岗，立一湖石，瘦漏皱透，很有气魄。岗下有仿古石台、石座，

在此闲坐，有"细数落花因坐久"的情趣。在这百花山房向东转西接出一段曲廊，题额"浣花"，布置"范蠡西施故事"的画廊，有"夷光出世""浣纱定情""背井离乡""沉鱼之美""隐忍吴宫""养鱼泽邑""商贾致富"等8幅石雕（图4-2-2-14～图4-2-2-20）。

图4-2-2-14　蠡园南堤春晓景区百花山房室内
景观之一

图4-2-2-15　蠡园南堤春晓景区百花山房室内
景观之二

图4-2-2-16　蠡园南堤春晓景区百花山房壁画
景观之一

图4-2-2-17　蠡园南堤春晓景区百花山房壁画
景观之二

图4-2-2-18　蠡园南堤春晓景区百花山房壁画
景观之三

图4-2-2-19　蠡园南堤春晓景区百花山房壁画
景观之四

图 4-2-2-20　蠡园南堤春晓景区百花山房壁画景观之五

（3）濯锦楼。濯锦楼位于百花山房之西，建于 1984 年，三开间，两层，楼名形容此地风景就像刚刚洗过的锦缎一样美丽（图 4-2-2-21）。楼上卷棚柱间，挂有无锡著名老作家沙陆墟集前人诗句手书的楹联："路横斜，花雾红迷岸；山远近，烟岚绿到舟。"

图 4-2-2-21　蠡园南堤春晓景区濯锦楼周边景观

（4）四季妙亭。四季妙亭建于 1954 年，分春亭、夏亭、秋亭、冬亭四座，位于百花山房以南，方塘的四边。四个亭子式样、颜色完全相同，呈方形，黄顶红柱，一面为照壁，其余三面置有坐槛。亭旁，根据亭名植季节花木作标志：春亭为"溢红"，种梅花；夏亭为"滴翠"，种夹竹桃；秋亭为"醉黄"，种丹桂；冬亭为"吟白"，种腊梅。四季鲜花，馨香不绝。1981 年，分别请朱百里、冒亦诚、曾可述、钱玉麟书额，塘内堤外，湖水萦回，一派水景，楚楚倒影，别有情调（图 4-2-2-22～图 4-2-2-25）。

图 4-2-2-22　蠡园南堤春晓景区四季妙亭
景观之一

图 4-2-2-23　蠡园南堤春晓景区四季妙亭
景观之二

图 4-2-2-24　蠡园南堤春晓景区四季妙亭
景观之三

图 4-2-2-25　蠡园南堤春晓景区四季妙亭
景观之四

（5）渔庄、涵虚亭。在四季亭的东北面，有个四面环水的小岛，路和岛以小桥相通。岛上这亭就是涵虚亭，亭畔有"渔庄"砖刻。亭子八角攒尖，飞檐翘角，亭顶琉璃溢翠，亭畔湖石嶙峋，空灵殊域，八面来风，古柳疏朗，花木弄影，不失为可人一景（图 4-2-2-26～图 4-2-2-28）。

图 4-2-2-26　蠡园南堤春晓景区涵虚亭景观之一

图 4-2-2-27　蠡园南堤春晓景区涵虚亭景观之二

图 4-2-2-28　蠡园南堤春晓景区涵虚亭景观之三

（6）柳堤花雨。南堤位于四季亭方塘之外，绕园半圈，植桃 400 余株，柳 300 余株。此系 20 世纪 30 年代初，虞循真为陈梅芳建渔庄时所筑湖堤，长 200 多米，原为"青祁八景"之首，今已纳入蠡园范围。到了阳春三月，这堤上柳绿含翠，桃花吐艳，一湖碧水，数峰青山，疑是苏堤，最具有春日江南水乡的典型之美。1995 年 7 月 20 日发行的《太湖》邮票中，有一枚"蠡湖烟绿"，那画面上的一抹柳烟，非常清新醒目，就是这里的生动写照（图 4-2-2-29～图 4-2-2-32）。

图 4-2-2-29　蠡园南堤春晓景区柳堤花雨
景观之一

图 4-2-2-30　蠡园南堤春晓景区柳堤花雨
景观之二

图 4-2-2-31　蠡园南堤春晓景区柳堤花雨
景观之三

图 4-2-2-32　蠡园南堤春晓景区柳堤花雨
景观之四

3）长廊揽胜景区

（1）云窝山洞。云窝山洞是假山耸翠、南堤春晓长廊揽胜三大景区的接点。古人有"洞天福地"之说，此山洞与长廊衔接处所用花街铺地的图案中间有个"寿"字，周围有五只蝙蝠，"蝠"与"福"谐音，因此此图案就叫"五福捧寿"。洞旁有棵木香藤，开花时，满树的银花，被比喻为"摇钱树"。有钱有福有寿，蠡园长廊的千步之行就在这样的寓意中开始了（图 4-2-2-33）。

图 4-2-2-33　蠡园长廊揽胜景区云窝山洞景观

（2）千步长廊。千步长廊原属蠡园，1927 年建。位于原蠡园与渔庄交界处，长 289 米。1952 年两园合并时，长廊延伸，并架桥使两园连接。20 世纪 80 年代初，为了与层波叠影景区相互沟通，又在廊子的中间接出水旱廊和复廊"数鱼槛"，使廊的总长度达 300 米左右。长廊临湖，曲岸枕水。廊的北侧筑墙，上开漏窗 89 个（现存 80 个），漏窗用小青瓦，上面图案各异，游人称绝。廊的南侧，临水敞开，置朱栏坐槛，中架两座跨水廊桥，廊内设月洞七处，使长廊显得深邃多变。游人漫步廊内，透过花窗，可见东园亭台楼阁，山水桥廊，尽得移步换景之妙。西侧临水，湖光潋滟，有"山光照槛水绕廊"意境。特别是长廊的尽头，以栈桥伸入湖中，桥头的晴虹烟绿水榭和对面的凝春塔，更是点醒一湖春水，勾勒出蠡湖边最美的轮廓线（图 4-2-2-34～图 4-2-2-37）。

（3）晴红烟绿。晴红烟绿水榭建于 1935 年，位于长廊东端。此水榭是采用 50 米长的平桥引伸入湖，在湖中平桥顶端的平台上建的，故俗称湖心亭。亭呈长方形，飞檐翘角，四周通畅，金色琉璃顶，甚是不俗，内悬华绎之书"晴红烟绿"匾额，晴红指艳阳丽日，烟绿是水、是树、是山、是雾？都是，又都不仅仅是，真正为湖水园景色彩多变的写照（图 4-2-2-38）。

图 4-2-2-34　蠡园长廊揽胜景区千步长廊
景观之一

图 4-2-2-35　蠡园长廊揽胜景区千步长廊
景观之二

图 4-2-2-36　蠡园长廊揽胜景区千步长廊
景观之三

图 4-2-2-37　蠡园长廊揽胜景区千步长廊
景观之四

图 4-2-2-38　蠡园长廊揽胜景区晴红烟绿水榭景观

（4）凝春塔。晴红烟绿水榭东侧隔水处，贴水筑小矶，其上建有凝春塔，小巧玲珑，五层八角，红砖青瓦，甚是可人。它与水榭成掎角之势，可望不可即，水榭塔影，成为游人游蠡园理想的摄影佳景。在无锡园林中，有"无园不塔"之说，而蠡园的凝春塔点醒了一湖春水，为蠡园景色的经典之作（图4-2-2-39）。

（5）镜涵水庭。平桥西端长廊尽处，

图4-2-2-39　蠡园长廊揽胜景区凝春塔景观

为园中六角洞门，其上有砖刻题额"镜涵"，入门，可见一泓池水。在此可见一池似镜，二桥渡波，三岛似蓬莱，四亭赏美景。池广一亩多，四周有梧桐、冬青、香樟散立，池边花枝绰约，绿树成荫，景色不同于蠡园他处，稍存异国情调，特别是池北有名为"颐安别业"的西班牙式洋房，既别具一格，又因曾有名人下榻于此，留下了"半是存疑半是猜"的传说掌故。为着赏景的需要，沿池建四个小亭：一为圆亭，一为六角攒尖亭，田田岛上有荷叶亭，在西北角竹林里有扇形亭。它们样式各异，玲珑相同，驻足小憩，动静皆宜（图4-2-2-40）。

图4-2-2-40　蠡园长廊揽胜景区镜涵水庭
入口景观

4）层波叠影景区

蠡园是著名的江南水景园林，作为后来居上的层波叠影景区，以水景为主，亭台楼阁，萦绕池畔，布局得体（图4-2-2-41～图4-2-2-44）。

图4-2-2-41　蠡园层波叠影景区景观之一

图4-2-2-42　蠡园层波叠影景区景观之二

图 4-2-2-43　蠡园层波叠影景区景观之三

图 4-2-2-44　蠡园层波叠影景区景观之四

图 4-2-2-45　蠡园层波叠影景区
数鱼槛景观

（1）数鱼槛。数鱼槛紧依长廊面阔 7 楹，临水而筑，中悬于希宁书题"数鱼槛"额。槛池对面，为临水而筑的廊屋，东置漏窗，西立敞轩，围以吴王靠坐栏。这段复廊是蠡园水景转换的结合枢纽：游人在千步长廊看到的是蠡湖烟水苍茫的旷达之景和长浪拍岸的动态之美，而一转身进入数鱼槛，却是沉潭凝碧的幽曲之景和游鱼戏水的静态之美，变化之妙令人赞叹（图 4-2-2-45）。

（2）绿漪亭。绿漪亭，六角攒尖，窈窕轻巧的身姿伫立水边，与半亭互为对景，隔池呼应。绿漪亭为有情之作，其式样和比例尺度，既得宜又得体。且亭子周围景观，原以疏朗为主，有此一亭，则虚中生实，疏而不荒，为进入景区高潮——春秋阁，做了很好的铺垫（图 4-2-2-46）。

（3）春秋阁。春秋阁，既是层波叠影的标志，也是整个蠡园极重要的"补笔"。它以重檐、三层、歇山顶的挺拔身姿，为蠡园创造了"飞阁流丹，下临无地"的仰视景观，借以抵消湖滨饭店大楼对蠡园造成的压抑之感，同时又吸引游客登阁凭栏，俯视蠡园空灵秀美的清丽景色。春秋阁以春秋范蠡、西施故事而命名，使历史的文脉在这里得到延伸。阁悬艺术大师刘海粟所书"春秋阁"

图 4-2-2-46　蠡园层波叠影景区绿漪亭景观

匾额，厅上有《范蠡西施泛舟图》。春秋阁的底层，向南以水旱廊接通千步长廊，向北以转角廊与红蓼树相连，高低错落，首尾相顾，富有建筑的韵律美（图 4-2-2-47 和图 4-2-2-48）。

图 4-2-2-47　蠡园层波叠影景区春秋阁景观之一

图 4-2-2-48　蠡园层波叠影景区春秋阁景观之二

（4）红蓼榭。该榭为厅堂式，黛瓦红柱，雕花长窗，宽敞精致。它的匾额、楹联、壁画、挂屏也布置得文雅，而且与环境起呼应作用。水榭之东，接出半亭和宽敞的贴水平台，围以雕栏。平台中间开一方洞，露出底下一方水域，水中堆砌湖石，供游人凭栏观鱼，故名"问鱼渊"（图 4-2-2-49 和图 4-2-2-50）。

图 4-2-2-49　蠡园层波叠影景区春秋阁与红蓼榭
组合景观

图 4-2-2-50　蠡园层波叠影景区红蓼榭室内景观

（5）水淼亭。春秋阁北为小溪，上架拱桥，桥上建亭，亭三楹，卷棚式，因与蠡湖的浩淼烟波有关，故名水淼亭，俗名桥亭。从空间关系看，该亭则与桥下河道在穿过千步长廊时所建的廊桥相呼应。过此桥亭，景色柳暗花明又一村（图 4-2-2-51 和图 4-2-2-52）。

（6）柳荫亭。自水淼亭至蠡园边门的游览干道两侧，景色富有野趣，假山和水池，建筑和绿化，配合得比较密切，整体布局显得清旷疏朗。该亭伫立在游览干道左侧岔路的路口，亭边柳枝拂面，花儿照眼，亭子做得很简洁，圆形攒尖的亭顶，用陶片镶嵌（图 4-2-2-53）。

图 4-2-2-51　蠡园层波叠影景区水淼亭景观之一

图 4-2-2-52　蠡园层波叠影景区水淼亭景观之二

图 4-2-2-53　蠡园层波叠影景区柳荫亭景观

（7）映月桥。春秋阁西为方池，池中筑堤，堤上架桥，名映月。它的得名，是因为桥拱做得比较高，呈半圆形，这样倒映在水池中，就像八月十五的月亮，又圆又美丽（图 4-2-2-54）。

（8）邀鱼轩。在假山和水池形成的山崖水际，建有邀鱼轩。青瓦歇山顶，红柱白粉墙，显得很雅致，轩中悬朱屺瞻题书"邀鱼轩"匾额。轩前接出贴水平台，邀来游鱼嬉戏（图 4-2-2-55）。

图 4-2-2-54 蠡园层波叠影景区映月桥景观

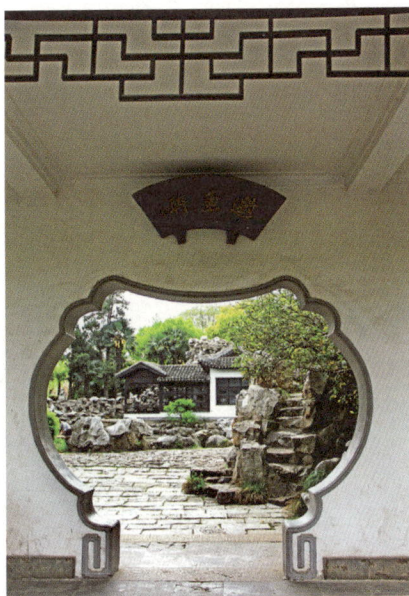

图 4-2-2-55 蠡园层波叠影景区邀鱼轩景观

5）西施庄景区

春秋时期，帮助越王勾践复国的范蠡，在七月初七这一天携西施泛舟归隐于五里湖西施庄，因而在美妙的湖光山色间，流传下一段千古佳事。西施岛占地45亩（每亩约合667平方米），全岛由三个小岛组成，用廊道、栈桥相通，呈"品"字形，与湖滨饭店珍宝舫隔湖相望，南临威尼斯花园，东倚蠡湖大桥。该岛以范蠡、西施隐居的历史记载为依据，其楼台轩榭和建筑均依此而建。岛上的主要建筑物有船舫、陶朱公馆、展示表演厅、绣楼、夷光茶楼、三祖堂、游船码头等。岛上通过多种表现形式，再现范蠡、西施泛舟蠡湖的浪漫爱情故事和范蠡、西施教当地人养鱼、种竹、制陶、经商等民间传说（图 4-2-2-56 和图 4-2-2-57）。

图 4-2-2-56 蠡园西施庄景区西施庄景观之一

图 4-2-2-57 蠡园西施庄景区西施庄景观之二

（1）西施浣纱处。西施出生在浣纱江畔的苎萝村，传说其母在河边洗衣被珍珠所射而生西施。出使吴国之前，西施和她的女伴，常到林木葱茏的湖畔浣纱。洪水过后的湖畔，沙泥沉淀，此处的水就特别清，于是成了西施的流连之所。浣纱时，连溪里的鱼都盯着她发呆，直到沉入河底。也正是浣纱使范蠡认识了西施，湖畔浣纱女的笑声将正在寻找美人的范蠡吸引而来，当他看到浣纱的西施，惊艳不已，随后将西施带回都城，造就了一个传奇（图4-2-2-58和图4-2-2-59）。

图4-2-2-58　蠡园西施庄景区浣沙溪景观

图4-2-2-59　蠡园西施庄景区西施浣纱雕塑景观

（2）陶朱公馆。勾践灭吴后，范蠡自知"狡兔死，走狗烹；敌国破，谋臣亡"于是离开越国，游历五湖，分别从事过经商、制陶、养鱼等行业。晚年，他改名为陶朱公，避世隐居。本馆依陶朱公的名号而命名，整馆由卧薪尝胆、三祖堂和范蠡会客厅三部分组成（图4-2-2-60和图4-2-2-61）。

图4-2-2-60　蠡园西施庄景区陶朱公馆入口景观

图4-2-2-61　蠡园西施庄景区陶朱公馆范蠡雕像景观

2. 蠡湖公园

蠡湖公园位于蠡湖大桥北堍，倚桥临湖，置景揽胜，占地 15.8 公顷，为蠡湖风光带重要节点。2004 年 3 月破土动工，当年国庆前夕建成开放。公园在设计建设中取传统园林与欧式公园之长，营造高品质的绿色空间，并将休闲游憩、集散活动和商业功能融合为一体，形成旅游休闲中心。园中"春之媚""夏之秀""秋之韵""冬之凝"四大景观巧布，以四季花木展现江南秀色。以水绕园，随水赋景，十二座小桥点化水乡风情（图 4-2-2-62～图 4-2-2-68）。

图 4-2-2-62 无锡蠡湖风景区蠡湖公园导览图

图 4-2-2-63 无锡蠡湖风景区蠡湖公园景观之一

图 4-2-2-64 无锡蠡湖风景区蠡湖公园景观之二

图 4-2-2-65 无锡蠡湖风景区蠡湖公园景观之三

图 4-2-2-66 无锡蠡湖风景区蠡湖公园景观之四

图4-2-2-67　无锡蠡湖风景区蠡湖公园景观之五

图4-2-2-68　无锡蠡湖风景区蠡湖公园景观之六

园中园——施苑，取名于范蠡与西施泛舟蠡湖的历史传说。苑内茂林修竹拥抱，曲径幽溪环绕，苑池碧水一方，宛如月镜，境界天开。流韵、天远、悦红、清辉四亭犄角相望，顾盼生姿。环水而筑的水镜廊，呈圆弧形，长286.7米，中西合璧，造型别致，廊内镌刻集古今赞美太湖的名人诗词、绘画、摄影精品，凸现太湖文化之斑斓，

图4-2-2-69　无锡蠡湖风景区蠡湖公园景观之七

感受五湖悠久之文明。廊前一泓碧水，荷莲满池，亭亭玉立，香远益清。

世界首座水上摩天轮——"太湖之星"，高达115米，矗立在公园湖畔，坐上无锡蠡湖摩天轮，不仅能看到太湖仙岛、鹿顶山等太湖风光，也能眺望到无锡市区，夜幕降临后，摩天轮电子装饰将变幻出一幅幅美丽的景致。这座水上摩天巨轮与蠡湖大桥共同组成无锡湖滨城市的标志性建筑，并成为太湖新城CBD的壮观门户（图4-2-2-69）。

3. 蠡湖中央公园

蠡湖中央公园位于环湖路与双虹桥交汇处，与宝界桥为邻，占地约2.5公顷，部分用地原为中央电视台无锡太湖影视城外景拍摄基地，于2005年9月29日正式开放。蠡湖中央公园内的建筑、桥梁、铺道以欧洲异国情调为主，突出水的灵性，并赋予它新的神韵。这里与众不同的建筑风格，绚丽多姿的庭园，与临近的山、水、植物相映衬，构成了如诗如画的美景，令人感到回归自然的和谐亲切，成为蠡湖地区一处文化娱乐休闲场所和现代都市高品质游览观赏的夜公园（图4-2-2-70～图4-2-2-72）。

夜幕下的蠡湖中央公园别有一番情趣，音乐雕塑喷泉、仿生水怪湖喷泉，由水景和灯光组合，营造出栩栩如生、缤纷多彩的水艺景观，犹如鲜花盛开、孔雀开屏、山泉四溢、群龙飞舞。堪称一绝的是水幕电影，呈扇形的水银幕升腾空中，通过投影仪、激光器播放电影，与自然夜空融为一体，气势宏大，色彩艳丽、生动逼真。入夜，园内欧洲街灯火通明，法、德、英、俄四国不同的异域风情自然交融，水景、灯光、音乐和谐地组成一幅幅引人入胜的画面，让人陶醉在梦幻般的美景中（图4-2-2-73～图4-2-2-75）。

图 4-2-2-70　无锡蠡湖风景区蠡湖中央公园导览图

图 4-2-2-71　无锡蠡湖风景区蠡湖中央公园景观之一

图 4-2-2-72　无锡蠡湖风景区蠡湖中央公园景观之二

图 4-2-2-73　无锡蠡湖风景区蠡湖中央公园
景观之三

图 4-2-2-74　无锡蠡湖风景区蠡湖中央公园
景观之四

图 4-2-2-75　无锡蠡湖风景区蠡湖中央公园景观之五

4.蠡湖大桥公园

蠡湖大桥公园位于蠡湖大桥南塈，与蠡湖公园呈掎角之势。南有石塘、军嶂山作屏，北有蠡湖千顷碧波，东南角为太湖艺术中心，西南毗邻威尼斯花园。

园内花木扶疏，曲径通幽，亲水岸线自然天成。建有艺术创作中心、观景平台、水上巴士码头、亭榭等休闲处。夜观灯火辉煌的蠡湖大桥如银河泻地，远眺月色朦胧的西施庄，联想翩翩，赶上节庆湖上烟火，更是令人流连忘返（图 4-2-2-76～图 4-2-2-78）。

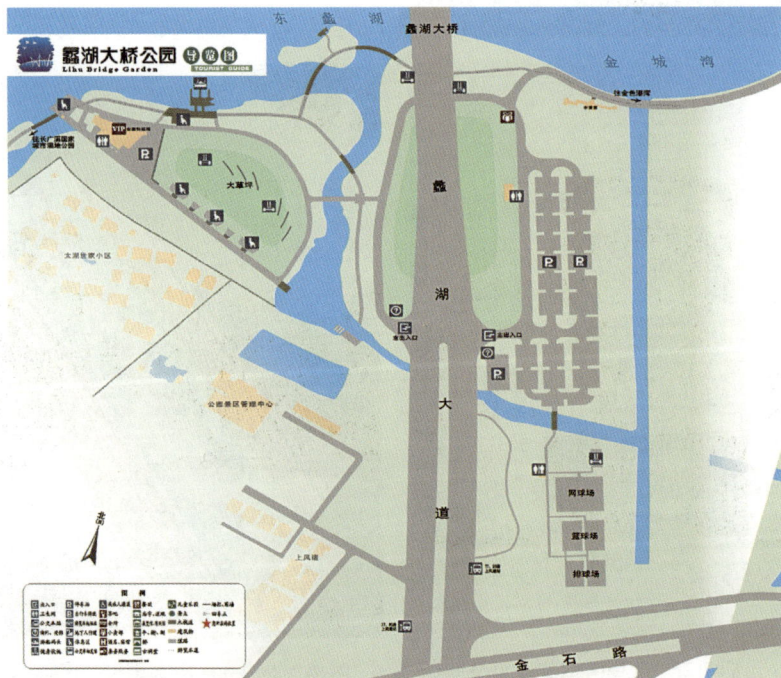

图 4-2-2-76　无锡蠡湖风景区蠡湖大桥公园导览图

图 4-2-2-77　无锡蠡湖风景区蠡湖大桥公园
景观之一

图 4-2-2-78　无锡蠡湖风景区蠡湖大桥公园
景观之二

5. 蠡湖之光

　　蠡湖之光位于环湖路与梁湖路交汇处、太湖大道西端点，占地面积约 6.8 公顷，是游客进入蠡湖景区的重要入口。设计以自然为主、以人为本，亲水陆台、湖中有栈桥、帆板式遮阳廊、可容纳数百人的观景平台等人性化设施，辅以沿湖大面积的草坪花圃，充分显现出鲜明的时代特征和浓郁的人文理念，它是百米喷泉的最佳观赏点（图 4-2-2-79～图 4-2-2-82）。

图 4-2-2-79　无锡蠡湖风景区蠡湖之光景观之一

图 4-2-2-80　无锡蠡湖风景区蠡湖之光景观之二

图 4-2-2-81　无锡蠡湖风景区蠡湖之光景观之三

图 4-2-2-82　无锡蠡湖风景区蠡湖之光景观之四

　　湖中百米喷泉位于城市之光节点外侧，距太湖大道终端延长线约 400 米。百米高喷是蠡湖标志性景观，它包括主喷与辅喷，主喷最大喷高 120 米，辅喷高 40 米，裙喷高 30 米，气势磅礴，高崇雄伟。主喷水柱如蛟龙出海，形成"一柱擎天"的湖中景观，辅喷环绕主喷，犹如一只硕大的水花篮，高低起伏，可有多种变换，既能与主喷组合，也可单独运行，与湖岸栈桥、帆板式遮阳廊组合成壮观的飞泉帆影画面。入夜，激光照明与水柱共舞色彩，演绎出蠡湖之光"绿色、生命、环保、人文"的时代主题（图 4-2-2-83 和图 4-2-2-84）。

图 4-2-2-83　无锡蠡湖风景区蠡湖之光景观之五

图 4-2-2-84　无锡蠡湖风景区蠡湖之光景观之六

6. 渔父岛

　　渔父岛位于环湖路西侧，占地约 7 公顷，曾是中国第一座农民疗养院所在地，因范蠡隐居蠡湖养鱼、制陶，写下中国第一部养鱼专著《养鱼经》，民间称之为渔父，故取名渔父岛。它是西蠡湖沿湖几公里带状开放式风景休闲区中绿地突入湖中的唯一岛屿，通过约 300 米的西堤与沿湖景观绿化带连接。就渔父岛形态来说，它是西蠡湖岸线上一处生动的变化，而在岛上观周围湖光山色，更是整个西蠡湖景区最佳观景处。岛上有湖边沙滩野营地、游船码头、水上活动区、文化活动演出平台、地标观景广场等游览活动场所（图 4-2-2-85～图 4-2-2-88）。

　　在岛与蠡堤衔接处，有一个四角形治水亭屹然而立，亭中有一块高大石碑，碑上刻有范蠡的《养鱼经》。亭前有范蠡在撰写《养鱼经》的场景雕塑。夜幕降临后，渔父岛更具有诗一般的意境。皓月当空，繁星密布，岛上树影婆娑，湖面银光闪烁，正是明代李湛的妙句"金波光摇碧玉碎，银蟾影浸玻璃明"的真实写照，人在其中，仿佛置身于仙境一般（图 4-2-2-89）。

　　蠡堤位于渔父岛西侧，北连渤公岛，略呈 S 形，全长 1200 米，平均宽 9 米，是一条以范蠡为主题的生态堤岸。全堤堤桥相连，筑有一座五孔拱桥，一座七孔拱桥，一座一孔拱桥和两座平长堤桥。两座多孔拱桥分别名为卓仁桥、善贾桥，凸现范蠡一生功绩显赫、颇具传奇的事迹。蠡堤两端筑有一岛状生态湿地，上面建有廊桥、水榭、水池。蠡堤揽波亲水，长卧碧波湖面，再现范蠡、西施的爱情故事。行走在蠡堤

图 4-2-2-85　无锡蠡湖风景区渔父岛导览图

图 4-2-2-86　无锡蠡湖风景区渔父岛景观之一

图 4-2-2-87　无锡蠡湖风景区渔父岛景观之二

图 4-2-2-88　无锡蠡湖风景区渔父岛景观之三

图 4-2-2-89　无锡蠡湖风景区渔父岛景观之四

上，湖水轻拍堤岸，绿荫簇拥亭榭，极目远眺，青山绿水，尽收眼底。真可谓"千米长堤平波起，分水浸岸相映趣，山水空蒙画难尽，一条玉带飘烟雨。"（图4-2-2-90和图4-2-2-91）。

图4-2-2-90　无锡蠡湖风景区渔父岛景观之五

图4-2-2-91　无锡蠡湖风景区渔父岛景观之六

7. 渤公岛

渤公岛生态公园，位于环湖路大渲桥南侧与鼋头渚公园接壤处，是结合退渔还湖工程在原犊山大坝东侧围筑而成，西与管社山相望，南与充山对峙，占地面积约37公顷，南北长约1700米，犊山路贯通南北，北由渤公桥与梁湖路相接，南由犊山桥连接鼋头渚。渤公岛生态公园，集水利工程、自然风光、人文景观融于一体，是蠡湖38公里环湖观光带继蠡湖公园后又一免费开放的主题公园，为纪念治水先贤张渤而取此名（图4-2-2-92～图4-2-2-94）。

图4-2-2-92　无锡蠡湖风景区渤公岛导览图

图 4-2-2-93　无锡蠡湖风景区渤公岛景观之一

图 4-2-2-94　无锡蠡湖风景区渤公岛景观之二

　　岛内，上百种林木郁葱挺秀，数十种花草竞放争艳，一条傍湖串景的主路渤公道从北到南，贯通全岛。香菱湾、荷花港、芦苇荡、三友小筑等景点与远山近水，和谐组成一幅幅风光旖旎的画面。芙蓉亭、曲荷堂、清莲桥、掬月轩等临水而筑，古朴雅致，游人到这里，风荷扑面，清香远送，无不陶醉在自然生态的美景之中。岛中亭、台、楼、堂、轩、榭等取名，均出自于东汉张渤治水的民间传说，其中望天亭、观水亭、流云亭等生动演绎出当年张渤观天象、察水情的治水情景，而以张渤女儿取名的晓风楼、泝雨楼、润雪楼，则透露着古老文化的气息，与承露台上张渤化身猪婆龙雕塑像、文化景墙等一起，组成一个个人文景观，共同凸现出以张渤治水为主题的丰厚的人文生态底蕴（图 4-2-2-95～图 4-2-2-98）。

图 4-2-2-95　无锡蠡湖风景区渤公岛景观之三

图 4-2-2-96　无锡蠡湖风景区渤公岛景观之四

图 4-2-2-97　无锡蠡湖风景区渤公岛景观之五

图 4-2-2-98　无锡蠡湖风景区渤公岛景观之六

8．鸥鹭岛

鸥鹭岛为西蠡湖中一孤岛，面积近 2 公顷，是鸥鹭栖息的天堂乐园。岛上种植大量欧鹭等鸟类喜爱品食的干果植物，浅水湾保持 20～50 厘米左右的水深，利于芦苇、水草、螺丝、鱼虾等繁殖。整个岛屿尽可能创造出一个自然环境，为欧鹭提供嬉戏、藏身的休息地。每当风和日丽，在烟波浩淼的蠡湖上空，成群的欧鹭从岛上飞出，翱翔在蠡湖水面上，似雪花般飞舞，时而点波击水，时而凌空欢鸣，与蠡湖秀美的自然风光和如织的游人互动愉悦心情，透现出明代诗人孙继皋在诗中描述的"墙底莺声春尽，席边鸥侣暖相呼"的无穷胜景（图 4-2-2-99 和图 4-2-2-100）。

图 4-2-2-99 无锡蠡湖风景区鸥鹭岛景观之一

图 4-2-2-100 无锡蠡湖风景区鸥鹭岛景观之二

9．水居苑

水居苑位于金城湾北岸，苑中有高子水居建筑群、地标风帆、临湖水榭、石阶草地、栈道码头等景点。高子水居，是纪念明代著名的思想家、政治家、学者高攀龙辞官还乡，在蠡湖边隐居修习近 30 年而建的一组纪念性园林建筑（图 4-2-2-101 和图 4-2-2-102）。

图 4-2-2-101 无锡蠡湖风景区水居苑景观之一

图 4-2-2-102 无锡蠡湖风景区水居苑景观之二

水居苑建有五可楼、高攀龙石雕像、高子书画碑廊、高子生平文化墙、高子纪念碑、月坡台、景逸轩、云从阁、高风水榭等 10 处景观点。苑内五可楼前置高攀龙汉白玉坐像，二楼的高攀龙纪念馆用大量的史料，系统、全面地展示了高攀龙的一生。园路旁置石刻碑，镌刻纪念高子的碑记、诗文、楹联等作品（图 4-2-2-103～图 4-2-2-106）。

图 4-2-2-103 无锡蠡湖风景区水居苑景观之三

图 4-2-2-104 无锡蠡湖风景区水居苑景观之四

图 4-2-2-105 无锡蠡湖风景区水居苑景观之五

图 4-2-2-106 无锡蠡湖风景区水居苑景观之六

10. 管社山庄

管社山庄地处太湖、蠡湖、梁溪河衔接处，西起管社山，南到万顷堂，北到环湖路，占地面积约为 0.4 平方公里。山庄内山水相依，自然、人文景观丰富，集湿地、森林、人文生态于一园。一条主园路贯通全园，沿湖数个观景平台伸入水面，湖中木栈桥蜿蜒伸展，湖边芦花飘白，岸滩草木葱绿。管社山东南麓杨氏祠堂，临山面湖，相传原为明末清初隐士杨紫渊隐居之地。杨紫渊一生布衣，钟情山水，筑别业于管社山，自号管社山人，留有杨园，园中原有翠胜阁、尚友堂、潜乐堂等，今皆荒废无存（图 4-2-2-107～图 4-2-2-110）。

图 4-2-2-107 无锡蠡湖风景区管社山庄景观之一

图 4-2-2-108 无锡蠡湖风景区管社山庄景观之二

图 4-2-2-109 无锡蠡湖风景区管社山庄
景观之三

图 4-2-2-110 无锡蠡湖风景区管社山庄景观之四

11. 长广溪湿地公园

长广溪湿地公园地处无锡太湖新城，西依军嶂山、雪浪山，南接太湖，北通蠡湖，是连接太湖和蠡湖的生态廊道，被喻为"太湖、蠡湖之肾"。湿地公园总长 10 公里，占地约 260 公顷，其中水面约 80 公顷，构成山丘——湿地——河流——湖泊融合一体的景观格局，自古以来就具有"水乡泽国""水鸟天堂"的湿地自然风貌（图 4-2-2-111）。

图 4-2-2-111 无锡蠡湖风景区长广溪湿地公园导览图

　　长广溪湿地公园内共种植288种植物，拥有鸟类8目19科89种，水生生物38种。长广溪湿地公园是一座集生态、休闲、科普、人文于一体的国家级生态湿地公园。该公园充分利用生态净水系统改善水质，溪边湖畔浅水植物挺立，湿地内草木葱绿，自然生态环境优美。湿地公园内的石塘廊桥，是东蠡湖的标志性景观之一。园内还有湿地科普馆、湿地教育解说中心、雕塑园、露天舞台、儿童乐园等科普教育、服务配套设施，使游人在生态湿地休闲自娱中，得到文化的熏陶和便利的服务（图4-2-2-112～图4-2-2-117）。

图4-2-2-112　无锡蠡湖风景区长广溪湿地公园景观之一

图4-2-2-113　无锡蠡湖风景区长广溪湿地公园景观之二

图4-2-2-114　无锡蠡湖风景区长广溪湿地公园景观之三

图4-2-2-115　无锡蠡湖风景区长广溪湿地公园景观之四

图4-2-2-116　无锡蠡湖风景区长广溪湿地公园景观之五

图4-2-2-117　无锡蠡湖风景区长广溪湿地公园景观之六

12．十八湾风光带

太湖十八湾风光带，是春秋阖闾城所在地，湖山相依，青山绿水，景色秀美。境内有闾江十景、西溪八景，以及阖闾城、伍相祠、伍子胥营地、秦尚书墓、张浚墓等遗址和现代实业家荣宗敬等名人墓冢，是集山水景观、沿湖风光、体育健身、旅游度假、休闲娱乐于一体的现代景区（图4-2-2-118和图4-2-2-119）。

图4-2-2-118　无锡蠡湖风景区十八湾风光带
景观之一

图4-2-2-119　无锡蠡湖风景区十八湾风光带
景观之二

13．宝界公园

宝界公园建在宝界桥畔，总占地面积28公顷，与蠡园、蠡湖公园隔湖相望，紧邻无锡著名的鼋头渚风景区。宝界公园建有无锡市最大的水上大舞台，设有300平方米的LED巨屏，可容纳3000人领略全新的视听盛宴。公园墙上"我们正在擦亮蠡湖这颗明珠，让世界瞩目她的璀璨"一排大字特别醒目，表达了无锡人热爱蠡湖、保护蠡湖的深厚情感（图4-2-2-120～图4-2-2-123）。

图4-2-2-120　无锡蠡湖风景区宝界公园景观之一

图4-2-2-121　无锡蠡湖风景区宝界公园景观之二

图4-2-2-122　无锡蠡湖风景区宝界公园景观之三

图4-2-2-123　无锡蠡湖风景区宝界公园景观之四

14．双虹园

双虹园得名于"宝界双虹"，门额由荣智健先生书写。而荣氏祖孙三代分别为桥名、景名、园名挥毫题写，更传为佳话。建筑既有江南水乡窈窕秀美的特点，又兼具现代风格。色彩以蓝瓦粉墙为基调，醒目淡雅，简洁明快，与蓝天白云、远山近水、碧树翠岗、繁花绿草融为和谐的整体（图4-2-2-124）。

图 4-2-2-124　无锡蠡湖风景区双虹园景观之一

15．金城湾公园

金城湾公园位于贡湖大道西侧、金城路与金石路之间，总面积38.5万平方米。金城湾公园入口广场，几十束喷泉从圆形的露天舞池地面喷涌而出，欢乐的孩子们在其间嬉戏。湖岸边起伏的地势上绿树苍翠，古朴的木栈道延伸入湖中，游船在湖面上游弋，好一幅"人在桥上走，船在水中游"的江南水乡画卷（图4-2-2-125～图4-2-2-131）。

图 4-2-2-125　无锡蠡湖风景区金城湾公园景观之一

图 4-2-2-126　无锡蠡湖风景区金城湾公园景观之二

图 4-2-2-127　无锡蠡湖风景区金城湾公园景观之三

图 4-2-2-128　无锡蠡湖风景区金城湾公园景观之四

图 4-2-2-129　无锡蠡湖风景区金城湾公园景观之五

图 4-2-2-130　无锡蠡湖风景区金城湾公园景观之六

图 4-2-2-131　无锡蠡湖风景区金城湾公园景观之七

4.2.3　特色景观

1. 蠡园春季桃花节

蠡园的桃花不仅花色艳丽，品种丰富，并且伴有美丽的爱情传说，因此，建园近 90 年来，吸引了无数的游客前来观赏、游玩，而他们又都在蠡园留下了无数个情感的印迹，每个印迹都可以追溯成一个美丽的故事，也许是一段甜蜜爱情的开始，也许是一个伟大梦想的起点，也许是记忆中一片静谧的桃花源……（图 4-2-3-1～图 4-2-3-4）。

图 4-2-3-1　蠡园春季桃花节景观之一

图 4-2-3-2　蠡园春季桃花节景观之二

图 4-2-3-3　蠡园春季桃花节景观之三

图 4-2-3-4　蠡园春季桃花节景观之四

2. 蠡园夏季荷花展

每年 7～8 月，蠡园荷花展常以"蠡风荷韵"为主题，以荷花、碗莲为主体，集中展出缸荷、塘荷、碗莲 200 余个品种，缸荷数量 400 余缸，碗莲 100 余碗，塘荷 4000 平方米。根据蠡园游览线路，精心设计"清新荷韵""童悦荷韵""舞美荷韵""水墨荷韵""靓影荷韵"等活动篇章，将蠡园各景致串联在一起，使蠡园荷展风韵突显、情景交融。荷花展的主要特色是清新雅致，通过景观布置、园艺知识普及、艺术表演、摄影比赛等活动使游客真正融入到活动中来（图 4-2-3-5～图 4-2-3-10）。

图 4-2-3-5　蠡园夏季荷花展景观之一

图 4-2-3-6　蠡园夏季荷花展景观之二

图 4-2-3-7　蠡园夏季荷花展景观之三

图 4-2-3-8　蠡园夏季荷花展景观之四

图 4-2-3-9　蠡园夏季荷花展景观之五

图 4-2-3-10　蠡园夏季荷花展景观之六

5
南 京 篇

　　南京，历史悠久，文化底蕴深厚，是我国四大古都之一。南京是长江沿岸四大中心城市之一，拥有良好的自然生态环境基础，山丘、平原、江河、湖泊、湿地交错分布，地理风貌独特。早在1500多年前的东晋，南京园林即已兴盛，可谓江南园林之发源地。明嘉靖年间出现"金陵八景"后，至清代演绎成"金陵四十八景"之景观。当代南京园林继承了历史的遗产，糅合现代园林之艺术，充分发挥山、水、城、林优势，形成了独具特色、点线面结合、大中小配套的城市园林绿化体系。

5.1 钟山风景名胜区

5.1.1 园林概况

钟山（www.zschina.org.cn）位于南京城东，自古被誉为"江南四大名山"之一，有"钟山龙蟠"之美誉。景区面积 31 平方公里，其间山、水、城、林浑然一体，自然景观丰富优美，文化底蕴博大深厚，中山陵、灵谷寺、明孝陵三大核心景区分布着各类名胜古迹 200 多处，其中，世界文化遗产 1 处，全国重点文物保护单位 15 处，省市级文物保护单位 31 处，荣获"国家风景名胜区""5A 级旅游景区"等称号。

中山陵，位于钟山中茅峰南麓，是伟大的民主革命先行者孙中山先生的陵墓。中山陵占地两千亩，依山而筑，前临平川，后拥青嶂，气势磅礴，平面呈"自由钟"形。陵寝建筑中轴对称，从牌坊、墓道、陵门、碑亭到祭堂、墓室平距 700 米，高差 70 米，有 392 级石阶和平台 10 个，全部用白色花岗岩和钢筋水泥构筑，覆以蓝色玻璃瓦。陵墓附近尚有音乐台、行健亭、光化亭、流徽榭、藏经楼等多处纪念性建筑（图 5-1-1-1～图 5-1-1-4）。

图 5-1-1-1　南京中山陵园景区入口景观之一

图 5-1-1-2　南京中山陵园景区入口景观之二

图 5-1-1-3　南京中山陵园景区入口景观之三

图 5-1-1-4　南京中山陵园景区主体景观

明孝陵，坐落在钟山南麓独龙阜玩珠峰下，是明朝开国皇帝朱元璋与皇后马氏的陵寝，始建于公元1381年，1398年朱元璋安葬于此，到1413年建成"大明孝陵神功圣德碑"。明孝陵"前朝后寝""前方后圆"的陵宫布局设计和方城、明楼、宝城、宝顶等建筑形式，开创了中国明清帝王陵寝建设规制的先河。明孝陵的神道蜿蜒曲折，整体布局呈现出"北斗七星"的形状，在中国帝王陵寝中具有唯一性。明孝陵景区以明孝陵陵宫区为主，包括大金门、四方城、神道等附属设施，以及周边的下马坊、梅花谷、梅花山、明东陵、紫霞湖等景区。2003年7月，明孝陵作为明清皇家陵寝扩展项目列入《世界遗产名录》（图5-1-1-5和图5-1-1-6）。

图 5-1-1-5 南京明孝陵景区石刻景观

图 5-1-1-6 南京明孝陵景区神道景观

灵谷景区，位于中山陵以东约1公里处，原为明朝"天下第一禅林"灵谷寺所在地。景区内汇集了六朝时期名僧宝志（即济公和尚原型）的墓塔，我国时代最早、规模最大的拱券结构建筑——明代无梁殿等众多名胜古迹。1928年，国民政府在灵谷寺旧址改建国民革命军阵亡将士公墓，留下了大仁大义牌坊、松风阁、灵谷塔等一批民国建筑精品，加之国民政府主席谭延闿墓、中国农工民主党创始人邓演达墓、国民政府主席林森的别墅——桂林石屋等，使这里成为风景区内又一处重要的民国文化展示区。灵谷景区万斛松涛、秀木佳林，是一座天然的"大氧吧"和游客休闲放松、享受生态的极佳场所。景区内近年规划建设了大型桂花专类园，面积达1700多亩，有桂花40多个品种18000余株，每至深秋，桂花飘香，景色格外迷人（图5-1-1-7和图5-1-1-8）。

图 5-1-1-7 南京灵谷景区景观之一

图 5-1-1-8 南京灵谷景区景观之二

2006 年 8 月，中山陵园风景区对景点资源进行整合，形成了以中山陵为核心的民国文化游览区域、以明孝陵为核心的明代文化游览区域以及钟山风光一日游的旅游新格局。游客在这里可尽情体验"民国文化之旅""明代文化之旅""六朝文化之旅""佛教文化之旅""山水城林之旅"和"生态休闲之旅"（图 5-1-1-9）。

图 5-1-1-9　南京钟山风景名胜区导览图

5.1.2　景点赏析

1．中山陵园景区

1）博爱坊

图 5-1-2-1　南京中山陵园博爱坊景观

博爱坊建于 1929～1931 年，高 12 米，宽 17.3 米，四楹三门的冲天式牌坊上"博爱"二字，系孙中山先生手迹。"博爱"出自韩愈《原道》中"博爱之谓仁"一语，可以说是对孙中山先生博大胸怀的高度概括和最好写照（图 5-1-2-1）。

2）陵门

一座宏伟的三拱门，是陵区的开端，为陵区的大门。它高 16 米，宽 27 米，进深 8.8 米，是用福建花岗岩筑成。中门横额上镌刻孙中山手书"天下为公"四个大字。这是孙中山毕生为之奋斗的理想，也是对他所倡导的三民主义的最好注解（图 5-1-2-2）。

3）碑亭碑

碑亭碑高 9 米、宽 5 米，刻有国民党元老谭延闿手书的"中国国民党葬总理孙先生于此中华民国十八年六月一日"24 个颜体镏金大字。碑额阴刻国民党党徽，碑帽为云纹，碑座为海浪，象征孙中山先生的丰功伟绩比天高、比海深（图 5-1-2-3 和图 5-1-2-4）。

图 5-1-2-2　南京中山陵园陵门景观

图 5-1-2-3　南京中山陵园碑亭景观

图 5-1-2-4　南京中山陵园中山纪念碑景观

4）祭堂

祭堂是融合中西建筑风格的宫殿式建筑，长 30 米，阔 25 米，高 29 米，四周有堡垒式的方屋，并有两座高 12.6 米的华表拱卫。屋顶为中国传统的重檐九脊，四周城堡为西式风格。祭堂门额上有"民族""民生""民权"六个篆体大字，居中还有孙中山手书的"天地正气"四字直额。祭堂内两侧大理石护壁上刻的是孙中山手书《建国大纲》全文，顶部藻井为马赛克镶嵌的国民党党徽。祭堂正中为孙中山着长袍马褂的白石全身坐像（图 5-1-2-5 和图 5-1-2-6）。

5）行健亭

行健亭坐落在中山陵西南隅道路旁，中山陵陵墓大道与明陵路相接处，以便前来谒陵的游人驻足休憩。红柱蓝瓦的行健亭，在翁郁的树木之间，显得格外夺目。行健亭由广州市政府捐建，著名建筑师赵深设计，王竞记营造厂承建，1933 年夏落成。行健亭为方形，边长为 9.3 米，高 12 米，重檐攒尖顶。亭的每个角有 4 根支柱，4 个角共根柱，

图 5-1-2-5　南京中山陵园祭堂远景

图 5-1-2-6　南京中山陵园祭堂近景

图 5-1-2-7　南京中山陵园行健亭景观

均饰以红漆。行健亭为钢筋水泥构筑，外形美观，坚固实用。亭内横梁、额枋、藻井、雀替都饰以彩绘，两重亭顶均覆以蓝色琉璃瓦。在万绿丛中的行健亭，恰如一枚彩色斑斓的明珠，光彩熠熠，生辉不已。行健亭四周，设有水泥栏杆，高 40 厘米，可供游人坐憩。"行健"二字，出自《易经》"天行健，君子以自强不息；地势坤，君子以厚德载物"（图 5-1-2-7）。

6）音乐台

音乐台坐落中山陵广场东南绿色盆地之中，平面为半圆形，圆心处建造舞台。台背部建弧形大壁，以汇集音浪，壁顶端雕回龙花纹。台前边缘有三层波纹形层梯。台下紧围前沿，一汪月牙形睡莲池，池底有伏泉，水甚清澈，终年不涸。池前依坡就势，修整成以 50 米为半径的半圆形盆状大草坪，放射形直道与半圆形圈道使之分割成 12 块小扇形草坪。整个精美建筑与周围环境和谐统一，是中山陵重要的纪念性建筑之一（图 5-1-2-8 和图 5-1-2-9）。

图 5-1-2-8　南京中山陵园音乐台景观之一

图 5-1-2-9　南京中山陵园音乐台景观之二

7) 孝经鼎

中山陵园广场的正南方有一座八角形石台，内为钢筋混凝土结构，外镶苏州金山石。台分三层，每层围以石栏，台上那尊双耳双足的紫铜宝鼎，重有万斤，即为孝经鼎，是中山陵纪念性建筑之一。此鼎铸于1933年秋，由广州中山大学全体师生和当时的中山大学校长、国民党元老戴季陶捐赠。鼎一面铸有"智""仁""勇"三个字，是中山大学校训。鼎内竖有一块六角形铜牌，上刻戴季陶之母黄太夫人手书的《孝经》全文（图5-1-2-10和图5-1-2-11）。

图5-1-2-10　南京中山陵园孝经鼎景观之一

图5-1-2-11　南京中山陵园孝经鼎景观之二

8) 光化亭

光化亭是中山陵纪念性建筑之一，位于中山陵东面小山阜上。该亭建于1931～1934年，刘敦桢建筑师设计，福建省蒋源成石厂承包建筑，是用孙中山先生奉安大典时华侨的赠款建造的。亭的屋脊、屋面、斗拱、梁柱、藻井等全用大理石雕成，花纹至细，刻工至巨，为陵园亭中最精美之工程（图5-1-2-12）。

9) 仰止亭

仰止亭坐落在流徽榭北面小山丘下。此山丘叫梅岭，本无景致，恰好叶恭绰先生写信给陵园，表示愿意捐资5000元建造一座纪念亭，遂于1930年9月开工。由光华亭的设计者刘敦桢教授设计，陶馥记营造厂承建，至1932年秋落成。之后，叶恭绰亦葬此亭西侧（图5-1-2-13）。

10) 流徽榭

流徽榭静卧在中山陵至灵谷寺沿路南岸，又名水榭亭，是中山陵纪念性建筑之一，1932年由中央陆军军官学校捐建。榭长14米，宽10米，顶为乳白琉璃瓦，红色立柱。三面临水，碧水如镜，倒映水榭，别有情趣，周围大片草坪和娱乐设施更是游客市民嬉戏小憩的最爱之处（图5-1-2-14和图5-1-2-15）。

图 5-1-2-12　南京中山陵园光化亭景观

图 5-1-2-13　南京中山陵园仰止亭景观

图 5-1-2-14　南京中山陵园流徽榭景观之一

图 5-1-2-15　南京中山陵园流徽榭景观之二

11）美龄宫

美龄宫位于南京市区东郊四方城以东200米的小红山上。正式名称是国民政府主席官邸，因其位于小红山上，又称小红山官邸。1991年被建设部评为中国近代优秀建筑，2001年被国家文物局列为国家级重点文物保护单位。

美龄宫始建于1931年，是一座依山而建的中西合璧式建筑。建筑外观极富中国古典韵味，内部结构、装饰具西洋风格，层次错落有致，分布有典型的西方取暖壁炉、宽大的洗浴室及现代的卫生洁具。墙面、门、窗采用现代结构形式，宽大的落地式钢门、钢窗，采光极好，室内设计现代、实用，建筑结构广泛采用了现代建筑技术——钢筋混凝土的结构技术。暗管式上、下排水。有宽大的阳台设计、现代水磨石工艺和颜色拼花瓷砖地面等。整体建筑设计别开生面，完美地将中国传统的建筑风格、建筑文化与西方现代建筑技术和手法相结合，使这幢宫殿式建筑达到了中国近代建筑史上完美的境界。当年被美国驻华大使司徒雷登赞誉为"远东第一别墅"。

美龄宫陈列馆分宋氏传奇人生、国府主席官邸、世人评说等三个部分，通过文字、图片以及实物复制品的形式，反映宋美龄生平与美龄宫历史文化艺术特色。充满民国韵味的影院，以放映宋美龄影像资料为主，（图5-1-2-16）。

图 5-1-2-16　南京中山陵园美龄宫景观

2. 明孝陵景区

1）下马坊遗址公园

从下马坊至大金门1.1公里长的主神道上，依地形建成的主入口广场、观音阁、御碑亭、亭廊、孝陵卫大营等景点恍然将历史拉回明朝。还原了明孝陵空间序列的完整性和统一性，最大限度恢复了600多年前孝陵下马坊至大金门故道和明楼的历史风貌（图5-1-2-17～图5-1-2-24）。

图 5-1-2-17　南京明孝陵景区下马坊遗址公园
石刻景观

图 5-1-2-18　南京明孝陵景区下马坊遗址公园
石坊景观

图 5-1-2-19　南京明孝陵景区下马坊遗址公园
石柱、石槽景观

图 5-1-2-20　南京明孝陵景区下马坊遗址公园
御碑亭景观

图 5-1-2-21　南京明孝陵景区下马坊遗址公园
景观之一

图 5-1-2-22　南京明孝陵景区下马坊遗址公园
景观之二

图 5-1-2-23　南京明孝陵景区下马坊遗址公园景观之三

图 5-1-2-24　南京明孝陵景区下马坊遗址公园景观之四

2）四方城

四方城，即明孝陵神功圣德碑楼，神功圣德碑楼建于明永乐十一年（1413），建筑平面作正方形，楼顶已毁，俗称四方城。内置朱元璋的儿子、明成祖朱棣为其父所立的"大明孝陵神功圣德碑"，碑文由朱棣撰写，记述朱元璋一生事迹，共 2746 个字，是南京地区最大的一块古碑（图 5-1-2-25 和图 5-1-2-26）。

图 5-1-2-25　南京明孝陵景区四方城景观之一

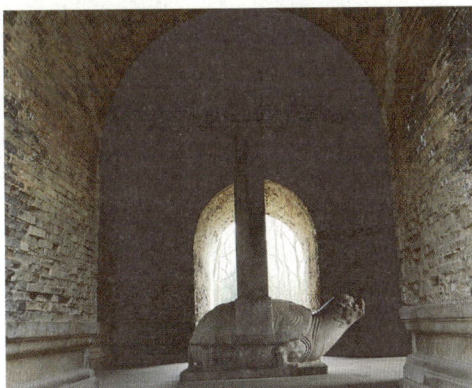

图 5-1-2-26　南京明孝陵景区四方城景观之二

3）石象路

石象路是孝陵神道的第一段，长 615 米，沿途依次排列六种石兽。这些石兽用整块巨石采用圆雕技法刻成，线条流畅圆润，气魄宏大，风格粗犷，既标志着帝陵的崇高、圣洁、华美，也起着保卫、辟邪、礼仪的象征作用（图 5-1-2-27～图 5-1-2-32）。

图 5-1-2-27　南京明孝陵景区石象路景观之一

图 5-1-2-28　南京明孝陵景区石象路景观之二

图 5-1-2-29　南京明孝陵景区石象路景观之三

图 5-1-2-30　南京明孝陵景区石象路景观之四

图 5-1-2-31　南京明孝陵景区石象路景观之五

图 5-1-2-32　南京明孝陵景区石象路景观之六

4）文武方门

文武方门是明孝陵陵寝的第一道门。1998 年，政府依据明代孝陵规制，恢复文武方门建筑原貌，开辟五门，加顶覆瓦。正门东墙下保存一方用日、德、意、英、法、俄六国文字撰写的"特别告示"碑，为清宣统元年（1909）地方官员所立（图 5-1-2-33 和图 5-1-2-34）。

图 5-1-2-33　南京明孝陵景区文武方门远景

图 5-1-2-34　南京明孝陵景区文武方门近景

图 5-1-2-35　南京明孝陵景区方城明楼景观

5）方城明楼

600 多年前，朱元璋在明孝陵前建造了一座城门来看守自己的帝陵，称作方城明楼。方城、明楼是明孝陵的创新建筑。方城为宝顶前的一座大型建筑，明楼建造在方城顶部，是明孝陵建筑的最高点（图 5-1-2-35）。

6）明东陵遗址

明东陵是明代开国皇帝朱元璋长子朱标的陵寝，位于孝陵陵宫东垣以东约 60 米处。护陵御河从东陵以东流经孝陵陵宫前的金水桥下，将孝陵和东陵环绕在同一陵御内。东陵陵寝原有陵园、陵寝大门、享殿前门、享殿以及地宫等建筑构成。陵寝围墙平面前尖后方，呈龟背形，格局特殊，但历经战火，现已难觅当年雄伟的建筑（图 5-1-2-36 和图 5-1-2-37）。

图 5-1-2-36　南京明孝陵景区明东陵遗址
景观之一

图 5-1-2-37　南京明孝陵景区明东陵遗址
景观之二

7）梅花山

梅花山位于明孝陵前，原名孙陵岗，也叫吴王坟，因东吴的孙权葬在这里而得名。梅花山植梅300余种，30 000多株，人称"天下第一梅山"，现已是全国著名的赏梅胜地之一。每当早春时节，梅花山的万株梅花竞相开放，层层叠叠，云蒸霞蔚，使数十万海内外踏青赏梅的游人沉醉其中，流连忘返（图5-1-2-38～图5-1-2-41）。

图 5-1-2-38　南京明孝陵景区梅花山景观之一

图 5-1-2-40　南京明孝陵景区梅花山景观之三

图 5-1-2-39　南京明孝陵景区梅花山景观之二

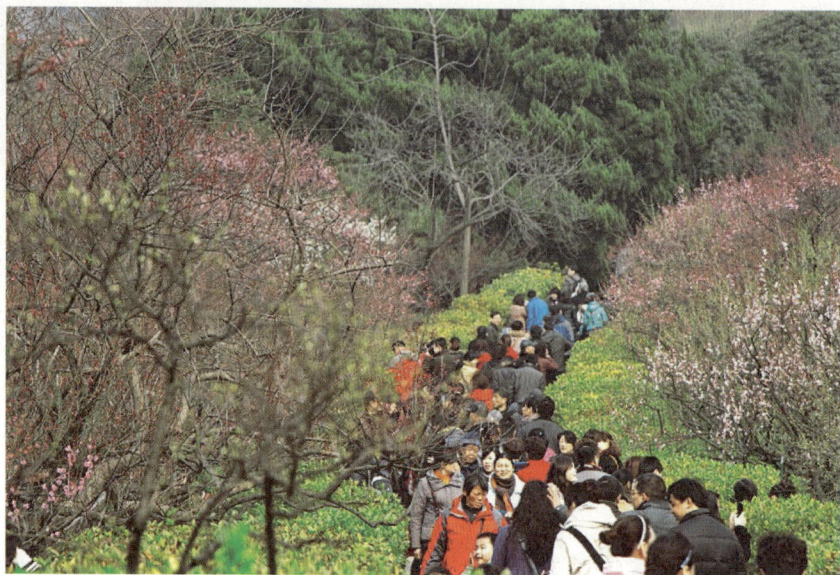

图 5-1-2-41　南京明孝陵景区梅花山景观之四

8）梅花谷公园

梅花谷公园是在原梅花山的基础上扩建而成，扩容后的梅花山和梅花谷绵延相连，总面积达到 1533 亩，梅花总数量达 3 万余株，品种 330 多个，成为名副其实的"天下第一梅山"。梅花山与梅花谷又包含在世界文化遗产明孝陵中，相继建成的惟秀亭、商飙别馆、台想昭明、梅花妆韵、生态湿地等文化景点和生态景观，丰富了梅文化的研究和展示（图 5-1-2-42～图 5-1-2-44）。

图 5-1-2-42　南京明孝陵景区梅花谷景观之一

图 5-1-2-43 南京明孝陵景区梅花谷景观之二

图 5-1-2-44 南京明孝陵景区梅花谷景观之三

9）红楼艺文苑

红楼艺文苑是用植物造景来表现古典名著《红楼梦》的一座写意山水园林。其以《红楼梦》为蓝本，取书中最有特色的几个场景作为对象，力图以园林为载体表现《红楼梦》的以美人香草作喻的文学韵味（图 5-1-2-45～图 5-1-2-51）。

图 5-1-2-45 南京明孝陵景区红楼艺文苑景观之一

图 5-1-2-46 南京明孝陵景区红楼艺文苑
景观之二

图 5-1-2-47 南京明孝陵景区红楼艺文苑景观之三

图 5-1-2-48 南京明孝陵景区红楼艺文苑
景观之四

图 5-1-2-49　南京明孝陵景区红楼艺文苑景观之五

图 5-1-2-50　南京明孝陵景区红楼艺文苑
景观之六

图 5-1-2-51　南京明孝陵景区红楼艺文苑
景观之七

10）东吴大帝孙权纪念馆

孙权是建都在南京的第一人，也是安葬在钟山的第一位帝王。为纪念孙权葬于梅花山，1993 年在景区梅花山东麓建成一座孙权故事园。2012 年将孙权故事园改建为东吴大帝孙权纪念馆。纪念馆建筑布局和形式，采用院落式组合方式和汉代——南朝江南民居的建筑风格，突出了汉代建筑古朴雄浑的特点，体现出东吴建筑文化主题。馆内陈列内容，包含"英雄少年""三国争雄""建都立业""魂系钟山"四部分，集中表现了古都南京厚重文化积淀中具有奠基性的先导部分——东吴历史，再现了孙权与三国、孙权与南京、孙权与钟山的历史画卷（图 5-1-2-52）。

图 5-1-2-52 南京明孝陵景区东吴大帝孙权纪念馆景观

3. 灵谷景区

1）万工池

灵谷寺初建时，明太祖朱元璋曾前来巡视寺庙布局，他觉得金刚殿前太空旷，缺少景致，就派了万名军工挖出一座水池，挖出的土堆在池南，成为一座小丘。这样，寺前有山有水，形成人为的山水风景，万工池之名由此而来。万工池东西长 100 米，南北最宽处 46 米，面积 6.6 亩。池的驳岸原是用砖石砌制，1984 年改筑虎皮石坡（图 5-1-2-53 和图 5-1-2-54）。

图 5-1-2-53 南京灵谷景区万工池景观之一

图 5-1-2-54 南京灵谷景区万工池景观之二

2）红山门

红山门位于万工池北侧是灵谷景区的大门，因红色墙壁而俗称红山门，其原址是金刚殿，在 20 世纪 30 年代建公墓时改建。红山门为仿古建筑，顶覆绿色琉璃瓦，下

辟三个拱门，至今保持着 30 年代原貌。门额"灵谷胜境"四字，由现代书法家钱松岩先生书写（图 5-1-2-55）。

图 5-1-2-55　南京钟山风景名胜区灵谷景区红山门景观

3）无梁殿

无梁殿是灵谷寺仅存的一座明代建筑，至今已有 600 多年历史。殿内原供奉无量寿佛，因而曾名无量殿。又因建筑为砖石拱券结构，不施寸木，所以俗称无梁殿。正因为无梁它才得以在战火中幸存，是我国现存五大无梁殿中历史最悠久、规模最宏大的一座。无梁殿东西长 50 米，南北宽 34 米，殿顶为重檐九脊，上盖灰黑色筒瓦，正脊上竖有三个覆钵式塔。殿内是砖砌的券洞穹窿，五间三进，每间一券，侧面三进各为一纵列式大筒券，中间一券最大，宽 11.4 米，高 14 米。前后两券较小，宽 4.88 米，高 7 米。东、西山墙内壁上端的砖垛向里叠砌，层层挑出，达 1 米之多，欲坠而不落，令人拍案称奇。1933 年，国民政府在灵谷寺旧址修建阵亡将士公墓，无梁殿改建为公墓祭堂。目前，无梁殿内已辟为辛亥革命名人蜡像馆，展出辛亥革命前后数十位名人的蜡像（图 5-1-2-56）。

图 5-1-2-56　南京钟山风景名胜区灵谷景区无梁殿景观

4）邓演达墓

邓演达墓由中国农工民主党于 1957 年筹建，总面积 5000 余平方米。墓道入口处为圆形花坛，目前一片草坪，中间有十字形的水泥甬道将草坪分割。甬道尽头是水泥平台，邓演达墓就筑于平台中央，墓前竖一块花岗石墓碑，高 4.8 米，宽 1.2 米，正面镌刻"邓演达烈士之墓"七个镏金大字，背面刻有中国农工民主党中央委员会撰写的碑文。1931年，邓演达在南京麒麟门外沙子岗被国民党反动派秘密杀害。1953年春，时任江苏省副省长的季方提议，在紫金山南麓选择墓址，迁葬邓演达。最后决定以灵谷寺东侧的国民革命军阵亡将士公墓第二公墓作为邓演达墓的墓址（图5-1-2-57）。

图5-1-2-57　南京钟山风景名胜区灵谷景区
邓演达墓景观

5）谭延闿墓

谭延闿墓坐落在灵谷寺东北，占地面积300亩，建于1931～1933年。其墓由我国著名建筑家杨廷宝、关颂声、朱彬等设计。在谭延闿墓正前方有一座花岗石砌的椭圆形莲花池，内植睡莲。草坪两侧对称布置汉白玉华表、石狮、花盆等，造型精美。穿过草坪，为水泥平台。在平台的阶陛上镌刻有九福花纹。平台正中即是墓包，墓高3.5米，直径9.5米。墓内葬有谭延闿的骨灰罐。墓前有一座精雕的汉白玉祭台，原是北京圆明园的文物，相传是法国进贡的（图5-1-2-58）。

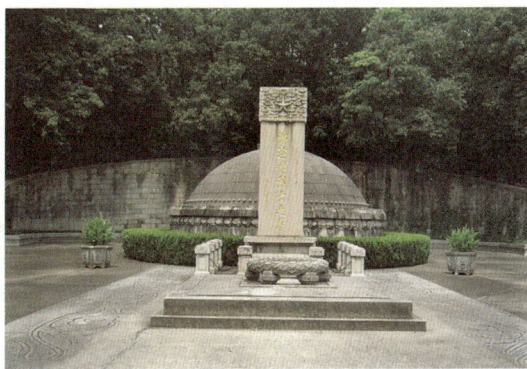

图5-1-2-58　南京钟山风景名胜区灵谷景区谭延闿墓景观

6）阵亡将士牌坊

国民革命军阵亡将士牌坊台基长32.7米，宽16.6米，牌坊高10米，共五间，全部钢筋混凝土构筑，座基外镶花岗石，绿色琉璃瓦覆顶。牌坊前中门门额上横刻"大仁大义"四字，背面刻"救国救民"四字，都是国民党元老张静江题书的。牌坊前左右两侧有一对石虎，是建造阵亡将士公墓时当时的陆军第十七军所赠送。国民革命军阵亡将士牌坊筑于原灵谷寺天王殿旧址。天王殿在清朝曾两次被战火烧毁，

清末光绪十一年（1885）由灵谷寺住持光莲募资重建，筹建阵亡将士公墓时在此改建牌坊（图5-1-2-59和图5-1-2-60）。

图 5-1-2-59　南京灵谷景区阵亡将士牌坊景观之一

图 5-1-2-60　南京灵谷景区阵亡将士牌坊景观之二

7）阵亡将士公墓

阵亡将士公墓共有三座，第一公墓位于无梁殿后一片半圆形的花坛草坪，这里原是明朝灵谷寺五方殿的旧址，后成为阵亡将士公墓第一公墓的墓地。墓地北侧墓墙东、西两端各有一碑柱，分别是第十九路军和第五军淞沪抗战阵亡将士纪念碑。淞沪抗战结束后，1933年6月2日，部分十九路军和第五军的阵亡将士代表葬入了灵谷寺阵亡将士公墓，并立此二碑纪念。其中有十九路军阵亡将士代表78名，第五军阵亡将士代表50名，合计128名，以象征纪念"一二八"之意。在草坪中间有一株桂花树，其孤植于灵谷景区中轴线上，生机盎然，在古城金陵所植桂树中极为罕见，故曰：金陵桂花王（图5-1-2-61和图5-1-2-62）。

图 5-1-2-61　南京灵谷景区阵亡将士公墓纪念碑景观

图 5-1-2-62　南京灵谷景区阵亡将士公墓孤植桂树景观

8）灵谷塔

灵谷塔又名阵亡将士纪念塔，建于 1931～1933 年。塔基为直径 30.4 米的大平台，平面为八角形，外侧围以雕花石栏杆。塔的正面有石阶，石阶正中是一幅长 5.8 米、宽 2.8 米的白色花岗石雕"日照山河图"。纪念塔高 60 米，九层八面，用钢筋水泥和苏州花岗石混合结构。底层直径 14 米，顶层直径 9 米，每层都以绿色琉璃瓦作披檐，外有走廊，围以石栏，便于游人凭栏赏景。塔顶覆盖绿色琉璃瓦，飞檐翘角，正中塔尖上竖有镀金相轮，金光灿灿，炫人眼目（图 5-1-2-63）。

图 5-1-2-63　南京钟山风景名胜区灵谷景区灵谷塔景观

9）八功德水

八功德水又名龙池，是钟山古代的一处胜迹。古书记载，此水具有"一清、二冷、三香、四柔、五甘、六净、七不噎、八除病"等八种功效，所以称为八功德水。建谭延闿墓时，为了保留这一名胜，特在池边加筑了石栏，池中镶龙头两只，并疏通泉源，使池中终年不竭（图 5-1-2-64）。

10）灵谷深松碑

灵谷深松碑原是谭延闿的墓碑，碑上原来刻字是"中国国民党中央执行委员前国民政府主席行政院长谭公延闿之墓"。碑帽上有一枚红色的石印"荣典之玺"，印的上方是国民党党徽，印下是"国葬之碑"四字。新中国成立后，碑上的文字全部磨平，由当时的陵园管理处处长高艺林大书"灵谷深松"四字于碑上。墓碑之下有龟趺座，四周围有石栏（图 5-1-2-65 和图 5-1-2-66）。

图 5-1-2-64　南京灵谷景区八功德水景观

图 5-1-2-65　南京灵谷景区灵谷深松碑刻景观之一

图 5-1-2-66　南京灵谷景区灵谷深松碑刻景观之二

11）灵谷寺

灵谷寺在紫金山东麓。是古代钟山 70 多座南朝佛寺中唯一留存至今的寺院，最初在今明孝陵所在地，后因兴建明孝陵而迁至今址。这里松木参天，景色宜人，有"灵谷深松"之称。灵谷寺建于明初，当时规模十分宏大，占地 500 亩，从山门至大殿长达 2.5 公里，还设有鹿苑，养鹿无数。现在寺址仅是明初灵谷寺龙王殿的一部分（图 5-1-2-67 和图 5-1-2-68）。

图 5-1-2-67　南京灵谷景区灵谷寺碑刻景观之一

图 5-1-2-68　南京灵谷景区灵谷寺碑刻景观之二

5.1.3 特色景观

1. 中国南京国际梅花节

中国南京国际梅花节始创 1996 年，初名南京梅花节，主会场设在南京市东郊梅花山，1997 年起正式定名为中国南京国际梅花节，是南京市人民政府举办的开春第一个国家级大型旅游节庆活动，被国家旅游局定为年度重点旅游节庆活动。每年 2～3 月间是梅花山盛花期，花海荡漾，芳香四溢，白梅凝若积雪，绿梅翡翠欲滴，红梅娇艳似火，足令观者陶醉，该活动在这一时期定期举办，让老百姓一边赏梅一边过节，节庆不断推陈出新，影响越加广泛（图 5-1-3-1 和图 5-1-3-2）。

图 5-1-3-1　南京国际梅花节特色活动景观之一

图 5-1-3-2　南京国际梅花节特色活动景观之二

历届梅花节在确立突出主题和鲜明特色的同时，还以"梅"为主题，举办各种文化活动，包括文艺表演、梅花笔会、摄影竞赛等，并开展经贸活动，以花为媒，以梅会友。如今，中国南京国际梅花节已成为集旅游、文化、商贸于一体，融丰富的自然资源和深厚的历史文化于一身的活动项目，在海内外享有盛誉（图 5-1-3-3 和图 5-1-3-4）。

图 5-1-3-3　南京国际梅花节特色活动景观之三

图 5-1-3-4　南京国际梅花节特色活动景观之四

通过多年的精心打造，南京梅花山梅花在规模、数量、品种等各方面均居于全国前列，梅花的品质神韵也得到不断提升，无愧于"天下第一梅山"的美誉。现在的梅花山面积已达 1533 亩，梅树 35 000 余株，品种 350 多个。其中国际登录的梅花品种有 120 个，拥有了"国际注册品牌"，梅花山与梅花节已经成为古都南京一张响亮的"城市名片"（图 5-1-3-5～图 5-1-3-12）。

图 5-1-3-5　南京"第一梅山"景观之一

图 5-1-3-6　南京"第一梅山"景观之二

图 5-1-3-7　南京梅花山梅花景观之一

图 5-1-3-8　南京梅花山梅花景观之二

图 5-1-3-9　南京梅花山梅花景观之三

图 5-1-3-10　南京梅花山梅花景观之四

图 5-1-3-11　南京梅花山梅花景观之五

图 5-1-3-12　南京梅花山梅花景观之六

2. 南京灵谷桂花节

南京灵谷桂花节始创于 1998 年，每年 9 月中下旬至 10 月中旬期间在钟山风景区举办，是集秋游、赏桂、文化于一体的大型旅游节庆活动。"桂花盛开贵人来"，桂花节已被视为江苏南京对外交流的一张重要名片，在南京及周边地区已经成为一个独具特色的旅游节庆品牌（图 5-1-3-13 和图 5-1-3-14）。

图 5-1-3-13　南京灵谷桂花节特色活动景观之一

图 5-1-3-14　南京灵谷桂花节特色活动景观之二

如今，南京灵谷桂园已和杭州满觉陇、广西桂林、成都桂湖一同成为我国著名的赏桂胜地。南京灵谷桂花节充分依托中山陵园深厚的历史文化底蕴，以及多达 2 万株桂花的得天独厚的园林生态优势，以景点游览、赏桂休闲、文化娱乐为主，形成固定的节庆活动格局，构成了"游、购、娱"一体化的旅游节庆（图 5-1-3-15～图 5-1-3-18）。

图 5-1-3-15 南京灵谷景区桂花景观之一

图 5-1-3-16 南京灵谷景区桂花景观之二

图 5-1-3-17 南京灵谷景区桂花景观之三

图 5-1-3-18 南京灵谷景区桂花景观之四

5.2 瞻园

5.2.1 园林概况

图 5-2-1-1 南京瞻园园门景观

　　瞻园（www.njzy.net）位于南京秦淮河夫子庙西侧瞻园路，是南京唯一保存最完好且对外开放的明代王府，具有 600 多年的历史，原为明太祖朱元璋称帝后赐予开国第一功臣中山王徐达的王府。清乾隆皇帝南巡时的行宫，"瞻园"二字就是乾隆亲笔御题的。太平天国时期为东王杨秀清和幼西王萧有和的王府。瞻园属于国家重点文物保护单位、国家 5A 级景区（图 5-2-1-1）。

　　瞻园面积约两万平方米，共有大小景点二十余处，布局典雅精致，有宏伟壮观的明清古建筑群，陡峭峻拔的假山，闻名遐迩的北宋太湖石，清幽素雅的楼榭亭台，勾勒出一幅深院回廊、奇峰叠嶂、小桥流水、四季花香的美丽画卷，犹如南京繁闹都市中的一处世外桃源（图 5-2-1-2～图 5-2-1-10）。

图 5-2-1-2　南京瞻园游览图

图 5-2-1-3　南京瞻园景观之一

图 5-2-1-4　南京瞻园景观之二

图 5-2-1-5　南京瞻园景观之三

图 5-2-1-6　南京瞻园景观之四

图 5-2-1-7　南京瞻园景观之五

图 5-2-1-8　南京瞻园景观之六

图 5-2-1-9　南京瞻园景观之七

图 5-2-1-10　南京瞻园景观之八

5.2.2　景点赏析

1. 描金盘龙图

描金盘龙图上的精美图案全部采用真金镶嵌而成，金碧辉煌，永不褪色。龙身中间有一枚乾坤球，左上龙爪托一太阳，象征永定乾坤，永赐福禄。龙下方有座山和拟海纹，寓意皇帝福如东海，永坐江山（图5-2-2-1）。

图 5-2-2-1　南京瞻园描金盘龙图景观

2．碑廊

碑廊右侧墙上有石碑 21 方，碑中记载王府的历史与兴衰，留有历代文人墨客歌咏王府的诗词歌赋（图 5-2-2-2）。

图 5-2-2-2　南京瞻园碑廊景观

3．翼然亭

翼然亭亭角翘起，恰似燕雀展翅欲飞，悠然自得，故得名翼然亭（图 5-2-2-3）。

4．紫藤古木

紫藤古木已有 600 多年，犹如盘龙飞舞，寓意富贵（图 5-2-2-4）。

图 5-2-2-3　南京瞻园翼然亭景观

图 5-2-2-4　南京瞻园紫藤古木景观

5. 雪浪石

雪浪石是大文豪苏东坡所喜爱并收藏的太湖石。此石远看犹如一团击在岩石上的浪花，又似阳光照射下渐渐融化的雪团。石上的窝洞和沟壑条纹，充满透漏和动感。当年，东坡居士把自己的书房取名为雪浪斋，并亲题"雪浪石"三字（图 5-2-2-5）。

6. 静妙堂

静妙堂位于南假山之北面，为瞻园主体建筑。清同治年间西江总督李宗羲重修，名"静妙堂"，为观景佳处（图 5-2-2-6）。

图 5-2-2-5　南京瞻园雪浪湖石景观

图 5-2-2-6　南京瞻园静妙堂景观

7. 普生泉

相传在乾隆年间秦淮河断流，此泉未涸，救过成千上万的百姓，几百年来一直传为佳话（图 5-2-2-7）。

8. 船舫

三面临水，舫首东侧仿跳板之意，设平桥与岸相连。舫首开敞，筑小月台。舱中落地花格窗，古朴精致。舫首悬"盈盈一水间"匾额，系清代著名书法家杨沂孙所书（图 5-2-2-8）。

图 5-2-2-7　南京瞻园普生泉景观

图 5-2-2-8　南京瞻园船舫景观

9. 南假山

南假山群峰跌宕，洞壑幽深，钟乳垂悬，瀑布自山巅飞泻而下，闪珠溅玉，与奇石、池水、花木相映衬，宛若仙境（图 5-2-2-9）。

10. 岁寒亭

岁寒亭周围植有岁寒三友——松、竹、梅，又名三友亭，相传为朱元璋与徐达最爱的下棋之处（图 5-2-2-10）。

图 5-2-2-9　南京瞻园南假山景观

图 5-2-2-10　南京瞻园岁寒亭景观

11. 一览阁

一览阁是全园最高的二层楼建筑，是当年朱元璋学习和练习书法之处，其中匾额乃前国防部长张爱萍将军亲笔题写（图 5-2-2-11）。

图 5-2-2-11　南京瞻园一览阁景观

5.2.3　特色景观

灯光夜景如图 5-2-3-1～图 5-2-3-16 所示。

图 5-2-3-1　南京瞻园灯光夜景之一

图 5-2-3-2　南京瞻园灯光夜景之二

图 5-2-3-3　南京瞻园灯光夜景之三

图 5-2-3-4　南京瞻园灯光夜景之四

图 5-2-3-5　南京瞻园灯光夜景之五

图 5-2-3-6　南京瞻园灯光夜景之六

图 5-2-3-7　南京瞻园灯光夜景之七

图 5-2-3-8　南京瞻园灯光夜景之八

图 5-2-3-9　南京瞻园灯光夜景之九

图 5-2-3-10　南京瞻园灯光夜景之十

图 5-2-3-11　南京瞻园灯光夜景之十一

图 5-2-3-12　南京瞻园灯光夜景之十二

图 5-2-3-13　南京瞻园灯光夜景之十三

图 5-2-3-14　南京瞻园灯光夜景之十四

图 5-2-3-15　南京瞻园灯光夜景之十五

图 5-2-3-16　南京瞻园灯光夜景之十六

6

杭 州 篇

　　杭州是著名的旅游城市，以风景秀丽著称，与苏州并称"苏杭"，素有"上有天堂，下有苏杭"的美誉。市内人文古迹众多，以西湖风景区最为著名，周边有大量的自然及人文景观遗迹。杭州是吴越文化的发源地之一，历史文化积淀深厚。其中主要代表性的独特文化有良渚文化、丝绸文化、茶文化，与流传下来的许多故事传说一起成为杭州文化的代表。

6.1 西湖风景名胜区

6.1.1 园林概况

西湖（www.hzwestlake.com）傍杭州而盛，杭州因西湖而名。自古以来，"天下西湖三十六，就中最美是杭州"，以西湖为中心的西湖风景区，是国务院首批公布的国家重点风景名胜区，也是全国首批十大文明风景旅游区和国家 5A 级旅游景区。西湖风景区面积约 60 平方公里，其中湖面 6.5 平方公里，三面环山，一面临城，中涵碧水，风光秀丽，享有"胜甲寰中"的盛誉（图 6-1-1-1 和图 6-1-1-2）。

环湖四周，绿荫环抱、山色葱茏、画桥烟柳、云树笼纱，逶迤群山之间，林泉秀美，溪涧幽深。100 多处各具特色的公园景点中，有三秋桂子、六桥烟柳、九里云松、十里荷花，更有著名的"西湖十景"和"新西湖十景"以及"三评西湖十景"等，将西湖连缀成了色彩斑斓的大花环，使其春夏秋冬各有景致，阴晴雨雪独有情韵。

西湖不仅独擅山水秀丽之美，林壑幽深之胜，而且更有丰富的文物古迹、优美动人的神话传说，把自然、人文、历史、艺术巧妙地融为一体。西湖四周，古迹遍布，文物荟萃，60 多处国家、省、市级重点文物保护单位和 20 多座博物馆（纪念馆）熠熠生辉，是我国著名的历史文化游览胜地（图 6-1-1-3～图 6-1-1-11）。

图 6-1-1-2 杭州西湖风景名胜区景观之二

图 6-1-1-1 杭州西湖风景名胜区景观之一

图 6-1-1-3　杭州西湖风景名胜区景观之三

图 6-1-1-4　杭州西湖风景名胜区景观之四

图 6-1-1-5　杭州西湖风景名胜区景观之五

图 6-1-1-6　杭州西湖风景名胜区景观之六

图 6-1-1-7　杭州西湖风景名胜区景观之七

图 6-1-1-8　杭州西湖风景名胜区景观之八

图 6-1-1-9　杭州西湖风景名胜区景观之九

图 6-1-1-10　杭州西湖风景名胜区景观之十

图 6-1-1-11　杭州西湖风景名胜区景观之十一

6.1.2　景点赏析

1. 西湖十景

1）苏堤春晓

苏堤南起南屏山麓，北到栖霞岭下，全长近 2.8 公里，是北宋大诗人苏东坡任杭州知州时，疏浚西湖，利用挖出的葑草和淤泥构筑而成。后人为了纪念苏东坡治理西湖的功绩将它命名为苏堤。长堤卧波，连接了南山北山，给西湖增添了一道妩媚的风景线。南宋时，苏堤春晓被列为西湖十景之首，元代又称之为六桥烟柳被列入钱塘十景，足见它自古就深受人们喜爱（图 6-1-2-1～图 6-1-2-3）。

苏堤春晓是指寒冬一过，苏堤便犹如一位翩翩而来的报春使者，杨柳夹岸，艳桃灼灼，更有湖波如镜，映照倩影，无限柔情。最动人心的，莫过于晨曦初露，月沉西山之时，轻风徐徐吹来，柳丝舒卷飘忽，置身堤上，如梦如幻。

从苏堤的南端入口，一路往北，经过映波桥、锁澜桥、望山桥、压堤桥、东浦桥，最后到达跨虹桥。沿途植有芙蓉、桂花、玉兰、夹竹桃、樱花等名贵花木，主体是桃柳夹种，红红绿绿，柳丝袅袅，如烟如纱，故有"苏堤景致六吊桥，夹株杨柳夹株桃"的说法（图 6-1-2-4～图 6-1-2-7）。

图 6-1-2-1　杭州西湖风景名胜区景点分布图

图 6-1-2-2　杭州西湖风景名胜区苏堤春晓景观之一

图 6-1-2-3　杭州西湖风景名胜区苏堤春晓
景观之二

图 6-1-2-4　杭州西湖风景名胜区苏堤春晓景观之三

图 6-1-2-5　杭州西湖风景名胜区苏堤春晓
景观之四

图6-1-2-6 杭州西湖风景名胜区苏堤春晓景观之五　　图6-1-2-7 杭州西湖风景名胜区苏堤春晓景观之六

2）双峰插云

杭州西湖三面环山，群峰竞秀。西湖群山中的最高峰是海拔412米的天竺山，环湖分成南北两支，那就是著名的南高峰和北高峰，称为"双峰"。两峰遥相对峙，绵延相距十余里。双峰插云是十景中唯一的远眺景观。关于景名的由来，据前人考察认为，每当山雨欲来的时候，云山雾海，两峰时露双尖，宛如峰插云霄，故名"两峰插云"。

峰势高峻磅礴，晴雨晨昏不同，尤在雨后或阴翳多云天气，彩云、白云或浓或淡，忽缠忽遮，是云是山，一片朦胧，如一幅壮观的水墨淋漓而浓淡有致的山水画卷。清康熙皇帝到此，改为"双峰插云"（图6-1-2-8～图6-1-2-10）。

图6-1-2-8　杭州西湖风景名胜区双峰插云
景观之一

图6-1-2-9　杭州西湖风景名胜区双峰插云
景观之二

图 6-1-2-10　杭州西湖风景名胜区双峰插云景观之三

3）三潭印月

三潭印月岛与湖心亭、阮公墩鼎足而立合称"湖中三岛"，犹如我国古代传说中的蓬莱三岛，故又称"小瀛洲"。俯瞰整个小瀛洲犹如一个硕大的"田"字。小瀛洲上有开网亭、亭亭亭、九狮石、闲放台、迎翠轩、我心相印亭等园林建筑点缀其间。绿树掩映，花木扶疏，湖岸垂柳拂波，水面亭榭倒影。园林富于空间层次变化，造成"湖中湖""岛中岛""园中园"的境界（图 6-1-2-11）。

岛南湖中建有三座石塔，相传为苏东坡在杭疏浚西湖时所创设（现有石塔为明代重建）。有趣的是塔腹中空，球面体上排列着五个等距离圆洞，若在月明之夜，洞口糊上薄纸，塔中点燃灯光，洞形印入湖面，呈现许多月亮，真假月影难分，夜景十分迷人，故得名"三潭印月"（图 6-1-2-12～图 6-1-2-20）。

图 6-1-2-11　杭州西湖风景名胜区三潭印月景区布局图

图 6-1-2-12　杭州西湖风景名胜区三潭印月景观之一

图 6-1-2-13　杭州西湖风景名胜区三潭印月
景观之二

图 6-1-2-14　杭州西湖风景名胜区三潭印月
景观之三

图 6-1-2-15　杭州西湖风景名胜区三潭印月
景观之四

图 6-1-2-16　杭州西湖风景名胜区三潭印月
景观之五

图 6-1-2-17　杭州西湖风景名胜区三潭印月
景观之六

图 6-1-2-18　杭州西湖风景名胜区三潭印月
景观之七

图 6-1-2-19　杭州西湖风景名胜区三潭印月
景观之八

图 6-1-2-20　杭州西湖风景名胜区三潭印月景观之九

4）曲院风荷

曲院风荷位于西湖西北角，素以湖景、荷景著称。据记载，宋代洪春桥畔有一处官家酿酒作坊，每逢夏日熏风吹拂，荷香与酒香四溢，令人陶醉，人们称之为"麯院荷风"。清代，酒坊关闭，康熙游湖时将"麯"字改成为"曲"，易"荷风"为"风荷"。

如今曲院风荷景区进行了大规模的拓建，成为占地420余亩以荷文化、酒文化为主题的大型园林。全园分为岳湖、竹素园、风荷、曲院、滨湖密林5个景区。园内亭、台、楼、榭布局典雅，荷花池面约占38亩，种有红莲、白莲、重台莲、洒金莲、并蒂莲等珍稀名贵品种，成了我国赏荷的佳地（图6-1-2-21～图6-1-2-28）。

图 6-1-2-21　杭州西湖风景名胜区曲院风荷景观之一

图 6-1-2-22　杭州西湖风景名胜区曲院风荷景观之二

5）平湖秋月

平湖秋月作为西湖十景之一，南宋时并无固定景址。南宋孙锐诗中有"月冷寒泉凝不流，棹歌何处泛归舟"之句，明洪瞻祖在诗中写道："秋舸人登绝浪皱，仙山楼阁镜

图 6-1-2-23　杭州西湖风景名胜区曲院风荷
景观之三

图 6-1-2-24　杭州西湖风景名胜区曲院风荷
景观之四

图 6-1-2-25　杭州西湖风景名胜区曲院风荷
景观之五

图 6-1-2-26　杭州西湖风景名胜区曲院风荷
景观之六

图 6-1-2-27　杭州西湖风景名胜区曲院风荷
景观之七

图 6-1-2-28　杭州西湖风景名胜区曲院风荷
景观之八

中尘。"流传千古的明万历年间的西湖十景木刻版画中,《平湖秋月》一图以游客在湖船中举头望月为画面主体（图 6-1-2-29 和图 6-1-2-30）。

现如今的平湖秋月观景点位于白堤西端,背倚孤山,面临外湖。唐代建有望湖

图 6-1-2-29　杭州西湖风景名胜区平湖秋月
景观之一

图 6-1-2-30　杭州西湖风景名胜区平湖秋月
景观之二

亭，明代又增龙王祠，清康熙年间定名平湖秋月。每当清秋气爽。湖面平静如镜，皓洁的秋月当空，月光与湖水交相辉映，颇有"一色湖光万顷秋"之感，故在湖畔立碑，题名"平湖秋月"。平湖秋月三面临水，在此眺望湖光山色，无论春夏秋冬、晴雨阴晦，都会令人觉得趣味盎然。真可谓"水水山山处处明明秀秀，晴晴雨雨时时好好奇奇"（图 6-1-2-31 和图 6-1-2-32）。

图 6-1-2-31　杭州西湖风景名胜区平湖秋月
景观之三

图 6-1-2-32　杭州西湖风景名胜区平湖秋月
景观之四

6）南屏晚钟

早在北宋末期，赫赫有名的画家张择端就曾经画过《南屏晚钟图》。南屏山绵延横陈于西湖南岸，山高不过百米，山体延伸却长达千余米。山上怪石耸秀，绿树惬眼。晴好日，满山岚翠在蓝天白云的衬托下秀色可餐；遇雨雾天，云烟遮遮掩掩，山峦好像翩然起舞，飘渺空灵，若即若离。后周显德元年（954），吴越国主钱弘俶在南屏山麓建寺院，后来成为与灵隐寺并峙于南北的西湖两大佛教道场之一的净慈寺（图 6-1-2-33 和图 6-1-2-34）。

净慈寺位于雷峰塔附近，始建于五代吴越国时期，是西湖历史上四大古刹之一。山门前有放生池，寺院内有宗镜堂、慧日阁、济祖殿、运木井等古迹。相传活佛济公曾修行于此，且运用神力从井内运木材建造净慈寺。每当夜幕降临，华灯初上，净慈寺便会日复一日、年复一年鸣钟。浑厚深沉的钟声响彻云霄，在山谷的暮色中回旋，因此得名"南屏晚钟"（图6-1-2-35和图6-1-2-36）。

图 6-1-2-33　杭州西湖风景名胜区南屏晚钟景观之一

图 6-1-2-34　杭州西湖风景名胜区南屏晚钟景观之二

图 6-1-2-35　杭州西湖风景名胜区南屏晚钟景观之三

图 6-1-2-36　杭州西湖风景名胜区南屏晚钟景观之四

7）柳浪闻莺

柳浪闻莺是西湖十景之一，位于西湖东南岸，清波门处。南宋时为帝王御花园，称聚景园，清代恢复柳浪闻莺旧景。现为占地十七公顷的大型公园，全园分友谊、闻莺、聚景、南园四个景区。柳丛衬托着紫楠、雪松、广玉兰及碧桃、海棠、月季等异木名花，是欣赏三面云山一面水的观景佳地。柳浪闻莺内的柳形各具特色：柳丝飘动似贵妃醉酒，称"醉柳"；枝叶繁茂如狮头，称"狮柳"；远眺像少女浣纱，称"浣纱柳"等。其间黄莺飞舞，竞相啼鸣，故有"柳浪闻莺"之称（图6-1-2-37～图6-1-2-46）。

图 6-1-2-37　杭州西湖风景名胜区柳浪闻莺
景观之一

图 6-1-2-38　杭州西湖风景名胜区柳浪闻莺
景观之二

图 6-1-2-39　杭州西湖风景名胜区柳浪闻莺
景观之三

图 6-1-2-40　杭州西湖风景名胜区柳浪闻莺
景观之四

图 6-1-2-41　杭州西湖风景名胜区柳浪闻莺
景观之五

图 6-1-2-42　杭州西湖风景名胜区柳浪闻莺
景观之六

图 6-1-2-43　杭州西湖风景名胜区柳浪闻莺
景观之七

图 6-1-2-44　杭州西湖风景名胜区柳浪闻莺
景观之八

图 6-1-2-45　杭州西湖风景名胜区柳浪闻莺
景观之九

图 6-1-2-46　杭州西湖风景名胜区柳浪闻莺
景观之十

8）雷峰夕照

白娘子故事中的雷峰塔就位于西湖南岸夕照山上。吴越王钱弘俶因黄妃得子而建，为藏经之所。因塔址小山名雷峰，后人改称"雷峰塔"。每当夕阳西照，塔影横空，亭台金碧，故得"雷峰夕照"之名。1924 年 9 月，因塔基砖被迷信者盗窃而倾圮。雷峰新塔建造在雷峰塔原址上，通高 71 米，五面八层，依山临湖，蔚然大观。为切实保护好地下珍贵遗址，对古塔遗址实行玻璃天棚覆盖，使古塔重生新塔，新塔彰显古塔，创下了中国古塔遗址原地保护的全国第一，雷峰夕照的美景又重返人间（图 6-1-2-47～图 6-1-2-55）。

图 6-1-2-47　杭州西湖风景名胜区雷峰夕照
景观之一

图 6-1-2-48　杭州西湖风景名胜区雷峰夕照
景观之二

图 6-1-2-49　杭州西湖风景名胜区雷峰夕照
景观之三

图 6-1-2-50　杭州西湖风景名胜区雷峰夕照
景观之四

图 6-1-2-51　杭州西湖风景名胜区雷峰夕照
景观之五

图 6-1-2-52　杭州西湖风景名胜区雷峰夕照
景观之七

图 6-1-2-53　杭州西湖风景名胜区雷峰夕照
景观之八

图 6-1-2-54　杭州西湖风景名胜区雷峰夕照
景观之九

图 6-1-2-55　杭州西湖风景名胜区雷峰夕照景观之六

9）花港观鱼

　　花港观鱼位于西湖西南角，东接苏堤，南北分别毗邻小南湖和西里湖。花家山麓有一小溪，流经此处注入西湖。因沿溪多栽花木，常有落英飘落溪中，故名花溪。南宋时，内侍官卢允升曾在花家山下结庐建私家花园，园中花木扶疏，引水入池，蓄养锦鱼以供观赏怡情，渐成游人杂沓频频光顾之地，因景色恬静，游人汇集，雅士题咏，被称为"花港观鱼"。清康熙三十八年（1699），皇帝驾临西湖，照例题书花港观鱼景目，用石建碑于鱼池畔。后来乾隆下江南游西湖时，又有诗作题刻于碑阴，诗中有句云"花家山下流花港，花著鱼身鱼嘬花"（图 6-1-2-56～图 6-1-2-65）。

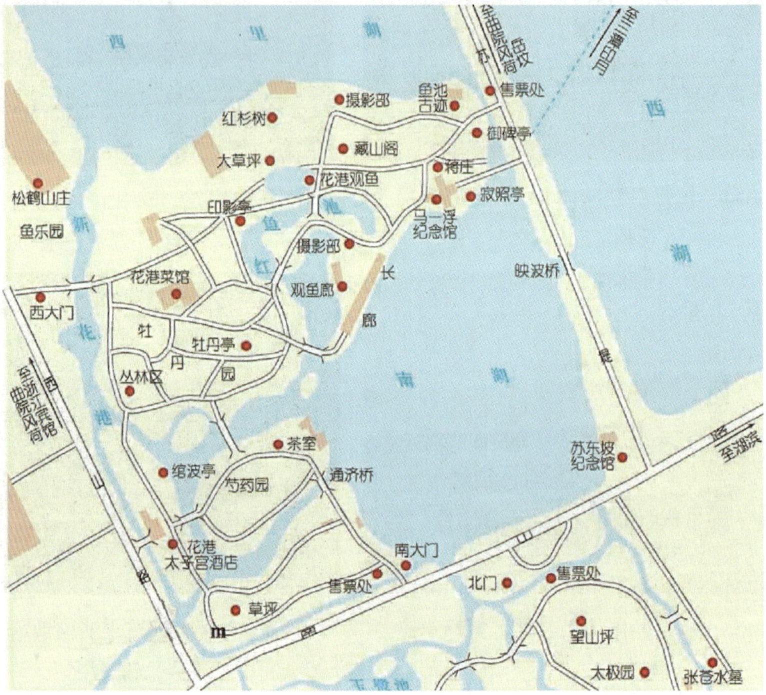

图 6-1-2-56　湖风景名胜区花港观鱼景点布局图

图 6-1-2-57　杭州西湖风景名胜区花港观鱼景观之一

图 6-1-2-58　杭州西湖风景名胜区花港观鱼景观之二

图 6-1-2-59 杭州西湖风景名胜区花港观鱼
景观之三

图 6-1-2-61 杭州西湖风景名胜区花港观鱼
景观之五

图 6-1-2-60 杭州西湖风景名胜区花港观鱼
景观之四

图 6-1-2-62 杭州西湖风景名胜区花港观鱼
景观之六

图 6-1-2-63 杭州西湖风景名胜区花港观鱼
景观之七

图 6-1-2-64 杭州西湖风景名胜区花港观鱼
景观之八

图 6-1-2-65　杭州西湖风景名胜区花港观鱼景观之九

10）断桥残雪

断桥位于白堤东端。据说，早在唐朝，断桥就已建成，诗人张祜《题杭州孤山寺》诗中就有"断桥"一词。1921 年断桥被重建，长 8.8 米，宽 8.6 米，单孔净跨 6.1 米。现在的断桥为 1941 年改建，20 世纪 50 年代又经修饰。桥畔有云水光中水榭和断桥残雪碑亭（图 6-1-2-66 和图 6-1-2-67）。断桥残雪景观内涵说法不一，一般指冬日雪后，桥的阳面冰雪消融，但阴面仍有残雪似银，从高处眺望，桥似断非断。伫立桥头，放眼四望，远山近水，尽收眼底，是欣赏西湖雪景之佳地。断桥的闻名还因中国著名的民间传说《白蛇传》，相传这里是白娘子和许仙的定情之桥（图 6-1-2-68～图 6-1-2-71）。

图 6-1-2-66　杭州西湖风景名胜区断桥残雪
景观之一

图 6-1-2-67　杭州西湖风景名胜区断桥残雪
景观之二

图 6-1-2-68　杭州西湖风景名胜区断桥残雪
景观之三

图 6-1-2-69　杭州西湖风景名胜区断桥残雪
景观之四

图 6-1-2-70　杭州西湖风景名胜区断桥残雪
景观之五

图 6-1-2-71　杭州西湖风景名胜区断桥残雪
景观之六

2．新西湖十景

1）宝石流霞

宝石山为西湖北岸屏障，岩呈赭红色，岩体中有许多闪闪发亮的红色小石子，每当阳光映照，满山流光纷披，尤其是朝阳或落日红光洒沐之时，分外耀目，仿佛数不清的宝石在熠熠生辉。宝石山正因此而得名。宝石山东巅，保俶塔巍然挺秀。原为九级砖木结构，现在的砖砌实心式样，是 1933 年重建时仿自清代原样，虽不能登临了，却以其漂亮的"容颜"和所处的显要位置而成为引人瞩目的西湖胜景标志物（图 6-1-2-72～图 6-1-2-78）。

图 6-1-2-72　杭州西湖风景名胜区宝石流霞
景观之一

图 6-1-2-73　杭州西湖风景名胜区宝石流霞
景观之二

图 6-1-2-74　杭州西湖风景名胜区宝石流霞
景观之三

图 6-1-2-75　杭州西湖风景名胜区宝石流霞
景观之四

图 6-1-2-76　杭州西湖风景名胜区宝石流霞
景观之五

图 6-1-2-77　杭州西湖风景名胜区宝石流霞
景观之六

图 6-1-2-78　杭州西湖风景名胜区宝石流霞
景观之七

2）阮墩环碧

西湖有三座人工岛屿：小瀛洲（三潭印月）、湖心亭（北塔基）、阮公墩。阮公墩是

清嘉庆五年（1800）浙江巡抚阮元主持疏浚西湖后，以浚湖葑草淤泥堆壅成岛的，故后人称之为阮公墩，为西湖三岛中面积最小的一个岛。

1981年，岛上建环碧山庄。庄内挂出大旗于林杪之上，随风招摇，颇存古风。岛中心为一片林间空地，偏西北由厅堂、曲廊、矮篱、柴门组成院落。东南岸边为船埠，东北部岸边置一用杉树皮结顶、棕榈作柱的圆亭，取名"忆芸"（纪念阮元意思）。小小岛屿漂浮于粼粼碧波之上，遮掩在花木丛中，犹如碧玉盘中一颗晶莹翡翠。"阮墩环碧"景名由此而来。整个环境，远山近水，开阔明朗，清逸幽静（图6-1-2-79~图6-1-2-82）。

图 6-1-2-79　杭州西湖风景名胜区阮墩环碧
景观之一

图 6-1-2-80　杭州西湖风景名胜区阮墩环碧
景观之二

图 6-1-2-81　杭州西湖风景名胜区阮墩环碧
景观之三

图 6-1-2-82　杭州西湖风景名胜区阮墩环碧
景观之四

3）虎跑梦泉

位于大慈山下的虎跑泉，是西湖众多名泉中的翘楚。虎跑泉的得名，始于"南岳童子泉，当遣二虎移来"的佛教神话传说。传说唐代高僧性空曾住在虎跑泉所在的大慈山谷，见此处风景优美，欲在此建寺，却苦于无水。一天，他梦见二虎跑地，清泉涌出。次日醒来，果然发现甘泉，此泉即被命名为"虎跑泉"（图6-1-2-83~图6-1-2-88）。

虎跑泉在地质学上属裂隙泉，水源旺盛，水质优良，其形成与当地得天独厚的自然条件有关。虎跑泉与龙井、玉泉、郭婆井、吴山大井，并称杭州五大"圣水"。更因虎跑泉水质特别纯净，世人将虎跑泉与龙井茶叶誉为"西湖双绝"。

图 6-1-2-83　杭州西湖风景名胜区虎跑梦泉
景观之一

图 6-1-2-84　杭州西湖风景名胜区虎跑梦泉
景观之二

图 6-1-2-85　杭州西湖风景名胜区虎跑梦泉
景观之三

图 6-1-2-86　杭州西湖风景名胜区虎跑梦泉
景观之四

图 6-1-2-87　杭州西湖风景名胜区虎跑梦泉
景观之五

图 6-1-2-88　杭州西湖风景名胜区虎跑梦泉
景观之六

4）龙井问茶

龙井问茶景观位于西湖西南的风篁岭山。五代此地建有龙井寺，相传龙井与海相通，因海中有龙，故名。且龙井之水，亦十分奇特，搅动时，水面会出现一条分水线，仿佛游丝摆动，然后慢慢消失。龙井不仅有名泉、名景，还有名茶。龙井茶为我国的十大名茶之一，有"色绿""香郁""形美""味甘"四大特色，为茶中极品（图6-1-2-89～图6-1-2-92）。

龙井品茗在北宋已成风气，元丰年间，人多以游龙井品茗为乐。清代，龙井茶列为贡品，声誉益隆。清乾隆皇帝曾到此采茶种茶，老龙井还留有"十八棵御茶"遗迹。乾隆还将过溪亭、涤心沼、一片云、风篁岭、方圆庵、龙泓涧、神运石、翠峰阁定为"龙井八景"（图6-1-2-93～图6-1-2-95）。

图 6-1-2-89　杭州西湖风景名胜区龙井问茶
景观之一

图 6-1-2-90　杭州西湖风景名胜区龙井问茶
景观之二

图 6-1-2-91　杭州西湖风景名胜区龙井问茶
景观之三

图 6-1-2-92　杭州西湖风景名胜区龙井问茶
景观之四

图 6-1-2-93　杭州西湖风景名胜区龙井问茶
景观之五

图 6-1-2-94　杭州西湖风景名胜区龙井问茶
景观之六

图 6-1-2-95　杭州西湖风景名胜区龙井问茶景观之七

5）黄龙吐翠

黄龙吐翠景观位于西湖北山栖霞岭北麓。清代杭州二十四景中有"黄龙积翠"一景，"黄龙吐翠"景名脱胎于此，用一"吐"字，突出贴泉池巉崖间龙口喷水，珠帘倒挂的特有情景。

图 6-1-2-96　杭州西湖风景名胜区黄龙吐翠
景观之一

黄龙洞在宋、元、明、清代皆为佛教圣地，辛亥革命后改为道观。此处前为庭园，后有洞壑，融真山假山，是融自然景色与人工建设为一体的雅幽园林。1985 年，集宗教文化内涵与寺观园林景象于一体的黄龙洞辟建为仿古游乐园。黄龙洞山门到二门之间，有一段长而曲折的游步道，有古木修篁、花草清池、矮墙漏窗等颇多可赏景物（图 6-1-2-96～图 6-1-2-99）。

图 6-1-2-97　杭州西湖风景名胜区黄龙吐翠
景观之二

图 6-1-2-98　杭州西湖风景名胜区黄龙吐翠
景观之三

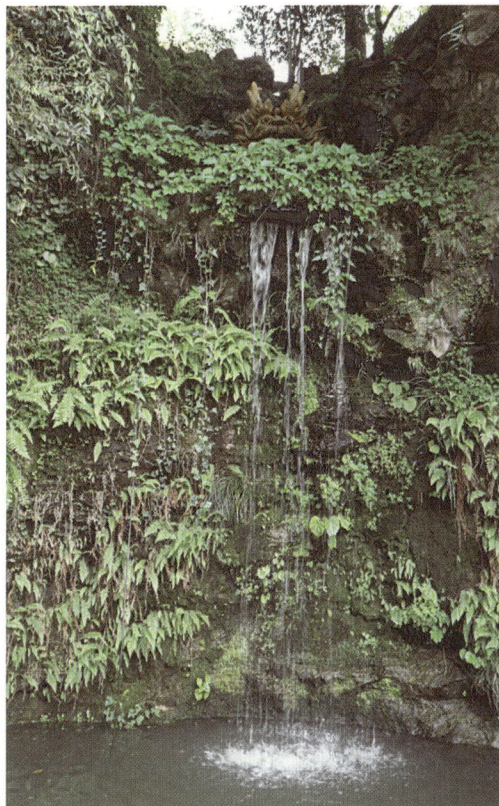

图 6-1-2-99　杭州西湖风景名胜区黄龙吐翠
景观之四

6）九溪烟树

九溪烟树就是著名景点九溪十八涧，十八涧系指细流之多，位于西湖西边鸡冠垄下，源发翁家山杨梅岭下，途汇清湾、宏法、唐家、小康、佛石、百丈、云栖、清头和方家九溪，曲折隐忽，流入钱江。

1947 年，著名地质学家李四光两次到九溪作冰川考察，发现古代冰川遗迹，认为距今二三百万年前第四纪时，杭州西湖尚为一片冰雪世界，当时下龙井是一处储水盘谷，承受大量冰雪，经九溪十八涧东南流出，形成九溪十八涧峻险地段。新中国成立前，九溪十八涧一带有二三家私家茶庄，卖茶水并供应西湖藕粉、桂花糖等。茶庄所备桌椅不多，春秋佳日，游客以涧边石块权充桌椅。1975 年以后，园林部门分 4 期改造

和新建九溪菜馆、茶室、接待室；整理山林环境，疏浚泉池，筑水坝，架画桥，布蹬道，造亭子，扩大游览面积（图6-1-2-100～图6-1-2-105）。

图 6-1-2-100　杭州西湖风景名胜区九溪烟树
景观之一

图 6-1-2-101　杭州西湖风景名胜区九溪烟树
景观之二

图 6-1-2-102　杭州西湖风景名胜区九溪烟树
景观之三

图 6-1-2-103　杭州西湖风景名胜区九溪烟树
景观之四

图 6-1-2-104　杭州西湖风景名胜区九溪烟树
景观之五

图 6-1-2-105　杭州西湖风景名胜区九溪烟树
景观之六

7) 云栖竹径

云栖竹径景观位于五云山南麓的云栖坞里，为林木茂盛的山坞景观，素以"深山古寺，竹径磬声"称胜。康熙皇帝曾四到云栖，赋诗题额，并赐一株大竹名为"皇竹"，浙江地方官为此建御书亭、皇竹亭以记盛事。相隔43年后，乾隆皇帝南巡至杭州，又六到云栖。清末以后，云栖竹林屡遭破坏，不复旧观。抗日战争杭州沦陷期间，竹林更遭滥伐，几近灭绝。1950年后，在杭州市园林部门护理下，竹林逐步复壮，整修寺宇，开辟茶室。今天的云栖竹径，翠竹成荫，溪流叮咚，清凉无比。小径蜿蜒深入，潺潺清溪依径而下，娇婉动听的鸟声自林中传出，整个环境幽静清凉（图6-1-2-106～图6-1-2-114）。

图6-1-2-106　杭州西湖风景名胜区云栖竹径
景观之一

图6-1-2-107　杭州西湖风景名胜区云栖竹径
景观之二

图6-1-2-108　杭州西湖风景名胜区云栖竹径
景观之三

图6-1-2-109　杭州西湖风景名胜区云栖竹径
景观之四

8) 玉皇飞云

玉皇山北向西湖，南近钱塘江，东接凤凰山，西连南屏、大慈诸山。山体挺拔高耸，山顶常有云雾飞绕，因而取景名为"玉皇飞云"（图6-1-2-115～图6-1-2-118）。

图 6-1-2-110　杭州西湖风景名胜区云栖竹径
景观之五

图 6-1-2-111　杭州西湖风景名胜区云栖竹径
景观之六

图 6-1-2-112　杭州西湖风景名胜区云栖竹径
景观之七

图 6-1-2-113　杭州西湖风景名胜区云栖竹径
景观之八

图 6-1-2-114　杭州西湖风景名胜区云栖竹径景观之九

图 6-1-2-115　杭州西湖风景名胜区玉皇飞云
景观之一

图 6-1-2-116　杭州西湖风景名胜区玉皇飞云
景观之二

图 6-1-2-117　杭州西湖风景名胜区玉皇飞云
景观之三

图 6-1-2-118　杭州西湖风景名胜区玉皇飞云
景观之四

　　玉皇山在南朝梁时已有佛寺，五代吴越国时经全面开发，后唐同光二年（924）开通山东麓慈云岭蹬道，又建祭天所用的登云台及阿育王寺等佛寺。至南宋，寺庙更有所拓展。明代，玉皇山寺庙改为道教宫观，山顶福星观及慈云宫在清代极为兴盛。玉皇山介于西湖与钱塘江之间，海拔239米，凌空突兀，衬以蓝天白云，更显得山姿雄峻巍峨。每当风起云涌之时，伫立山巅登云阁上，耳畔但闻习习之声，时有云雾扑面而来，飞渡而去（图6-1-2-119～图6-1-2-121）。

图 6-1-2-119　杭州西湖风景名胜区玉皇飞云景观之五

图 6-1-2-120　杭州西湖风景名胜区玉皇飞云
景观之六

图 6-1-2-121　杭州西湖风景名胜区玉皇飞云
景观之七

9）满陇桂雨

满觉陇俗称满家弄，明清时盛产桂花，为西湖著名赏桂胜地。家家户户皆植桂，房前屋后、村内村外、满山坡、路两旁，举目皆是。每年中秋前后，满树的桂花竞相开放，流芳十里，沁透肺腑。桂花品种有金桂、银桂、丹桂、四季桂等，花朵细小而量大，盛开时如逢露水重，往往随风洒落，密如雨珠，人行桂树丛中，沐"雨"披香，别有一番意趣（图 6-1-2-122～图 6-1-2-128）。

图 6-1-2-122　杭州西湖风景名胜区满陇桂雨
景观之一

图 6-1-2-123　杭州西湖风景名胜区满陇桂雨
景观之二

图 6-1-2-124　杭州西湖风景名胜区满陇桂雨
景观之三

图 6-1-2-125　杭州西湖风景名胜区满陇桂雨
景观之四

图 6-1-2-126　杭州西湖风景名胜区满陇桂雨
景观之五

图 6-1-2-127　杭州西湖风景名胜区满陇桂雨
景观之六

图 6-1-2-128　杭州西湖风景名胜区满陇桂雨景观之七

10）吴山天风

吴山位于西湖东南面，高 94 米，景秀、石奇、泉清、洞美。山上有城隍阁，秀出云表，巍然壮观。山道旁，有一组形态各异的岩石，因其酷似十二生肖而被称为"十二生肖石"。吴山山顶建有江湖汇观亭，站在亭中，钱塘江和西湖全景一览无余。在亭侧通往云居山大道上留有山茅观遗址，遗址旁留有南宋理学家朱熹的手书：吴山第一峰（图 6-1-2-129）。

春秋时期，吴国的南界由紫阳、云居、金地、清平、宝莲、七宝、石佛、宝月、骆驼、峨眉等十几个山头形成西南—东北走向的弧形丘冈，总称吴山。吴山不高，但由于插入市区其东、北、西北多俯

图 6-1-2-129　杭州西湖风景名胜区吴山天风
景观之一

临街市巷陌，南面可远眺钱塘江及两岸平畴，上吴山仍有凌空超越之感，且可尽揽杭州江、山、湖、城之胜（图 6-1-2-130～图 6-1-2-133）。

图 6-1-2-130　杭州西湖风景名胜区吴山天风景观之二

图 6-1-2-131　杭州西湖风景名胜区吴山天风景观之三

图 6-1-2-132　杭州西湖风景名胜区吴山天风景观之四

图 6-1-2-133　杭州西湖风景名胜区吴山天风景观之五

3. 三评西湖十景

1）北街梦寻

北山街东起保俶路，西至曙光路，南临西湖，北靠宝石山、葛岭、栖霞岭，并与市区湖滨相连，全长 2600 米，被人们称为"没有围墙的博物馆"，是西湖风景区内唯一的历史文化街区。北山街上的一草一木、一楼一舍、一砖一瓦都透露着浓郁的文化。历史上，北山一带向为文人雅士聚集之地，寺院祠墓林立，曾留下无数佳话逸事。现尚存许多文物古迹，已公布的文物保护单位就有 7 处，包括全国重点文保单位岳飞墓（庙）、杭州市标志性建筑保俶塔、大石佛院造像、首届西湖博览会工业展馆等。还有秋水山庄、孤云草舍、坚匏别墅、抱青别墅、静逸别墅、穗庐、玛瑙寺等一大群中西式近代建筑（图 6-1-2-134～图 6-1-2-140）。

图 6-1-2-134　杭州西湖风景名胜区北街梦寻
景观之一

图 6-1-2-135　杭州西湖风景名胜区北街梦寻
景观之二

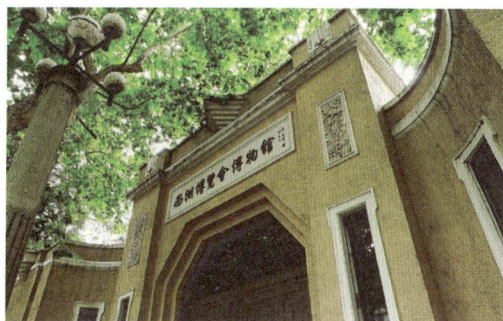

图 6-1-2-136　杭州西湖风景名胜区北街梦寻
景观之三

图 6-1-2-137　杭州西湖风景名胜区北街梦寻
景观之四

图 6-1-2-138　杭州西湖风景名胜区北街梦寻
景观之五

图 6-1-2-139　杭州西湖风景名胜区北街梦寻
景观之六

图 6-1-2-140　杭州西湖风景名胜区北街梦寻
景观之七

2）梅坞春早

梅家坞位于云栖西 2 公里的琅珰岭北麓的山坞里，四周青山环绕，茶山叠嶂，是杭州最大的龙井茶生产基地，茶地面积达 80 多万平方米。梅家坞原来是一个很不知名的小山村，由于周总理的五次来访使得梅家坞的名气大增。20 世纪 80 年代，梅家坞已经是很多国外宾客的来访之地，梅家坞村民的主要收入来源是漫山遍野的茶园。经过 2003 年的整治，梅家坞营造出"十里梅坞蕴茶香"的农家休闲旅游环境，成为杭州一个具有独特性品牌的旅游新亮点。现在的梅家坞是杭州一处独具风姿的旅游热点，农家茶庄迎接着各地慕名而来的游客。梅家坞盛产的茶叶是西湖龙井中的珍品。"春"在梅坞便是茶香之意，春茶四摘，又以最早的"明前茶"最为名贵（图 6-1-2-141～图 6-1-2-145）。

图 6-1-2-141　杭州西湖风景名胜区梅坞春早景观之一

图 6-1-2-142　杭州西湖风景名胜区梅坞春早景观之二

图 6-1-2-143　杭州西湖风景名胜区梅坞春早景观之三

图 6-1-2-144　杭州西湖风景名胜区梅坞春早景观之四

图 6-1-2-145　杭州西湖风景名胜区梅坞春早景观之五

3）三台云水

三台山景区集浙江山地和江南水乡风貌于一身，它以浴鹄湾景区为核心，东靠杨公堤，西临三台山路，北至乌龟潭景区，南到虎跑路。重新修复后的三台山景区内恢复了黄公望故居、先贤堂、黄篾楼水轩、武状元坊、霁虹桥、三台梦迹等故迹。三台山景区的茶楼，是杭州茶楼的一大特色。飞檐仿古的建筑，亭阁宛然，花木葱茏，与周围的环境十分协调。"三台云水"点出了这里景观的多样性和立体化，同时借用了宋代范仲淹《严先生祠堂记》中的名句"云山苍苍，江水泱泱，先生之风，山高水长"，以颂扬明代民族英雄于谦的热血千秋，清白一生（图6-1-2-146～图6-1-2-158）。

图 6-1-2-146　杭州西湖风景名胜区三台云水景观之一

图 6-1-2-147　杭州西湖风景名胜区三台云水景观之二

图 6-1-2-148　杭州西湖风景名胜区三台云水景观之三

图 6-1-2-149　杭州西湖风景名胜区三台云水景观之四

图 6-1-2-150　杭州西湖风景名胜区三台云水景观之五

图 6-1-2-151　杭州西湖风景名胜区三台云水
景观之六

图 6-1-2-152　杭州西湖风景名胜区三台云水
景观之七

图 6-1-2-153　杭州西湖风景名胜区三台云水
景观之八

图 6-1-2-154　杭州西湖风景名胜区三台云水
景观之九

图 6-1-2-155　杭州西湖风景名胜区三台云水
景观之十

图 6-1-2-156　杭州西湖风景名胜区三台云水
景观之十一

图 6-1-2-157　杭州西湖风景名胜区三台云水
景观之十二

图 6-1-2-158　杭州西湖风景名胜区三台云水
景观之十三

4）杨堤景行

杨公堤是与白堤、苏堤齐名的"西湖三堤"之一，南起虎跑路口，北至北山路口，有花港观鱼、浴鹄湾、乌龟潭、茅家埠、杭州花圃、曲院风荷、金沙港等重要景点。杨公堤是为纪念杨孟瑛而得名。明弘治十六年（1503）杨孟瑛出任杭州知州，当时西湖淤塞已久，湖西一带几成平陆。杨孟瑛力排众议，于明正德三年（1508）实施疏浚，并以疏浚产生的淤泥、葑草在西里湖上筑成一条呈南北走向的长堤，堤上建六桥。后人为纪念杨孟瑛，称此堤为"杨公堤"。2003年西湖综合保护工程恢复杨公堤六桥，俗称里六桥，与苏堤六桥遥相呼应。"景行"原意指大路，比作崇高光明的德行，典出《诗经·小雅》："高山仰止，景行行止。"杨公堤自北而南第五桥，遥对南高峰、三台山，南宋以后到明代，因附近有三贤祠，所以桥名题作"景行"，这也是杨公堤上至今唯一尚存桥拱圈旧构的古桥。杨堤景行，既表达了今人对先贤杨孟瑛浚湖筑堤这一惠及杭州百姓和西湖的德行的景仰之情，也点出了杨公堤人行景移、移步换景的特色（图6-1-2-159～图6-1-2-166）。

图6-1-2-159　杭州西湖风景名胜区杨堤景行
景观之一

图6-1-2-160　杭州西湖风景名胜区杨堤景行
景观之二

图6-1-2-161　杭州西湖风景名胜区杨堤景行
景观之三

图6-1-2-162　杭州西湖风景名胜区杨堤景行
景观之四

图6-1-2-163　杭州西湖风景名胜区杨堤景行
景观之五

图6-1-2-164　杭州西湖风景名胜区杨堤景行
景观之六

图6-1-2-165　杭州西湖风景名胜区杨堤景行
景观之七

图6-1-2-166　杭州西湖风景名胜区杨堤景行
景观之八

5）万松书缘

书院初建于唐贞元年间，名报恩寺。明弘治十一年（1498）浙江右参政改辟为万松书院。是明清时期杭州规模最大、历时最久、影响最广的书院，是传说中梁山伯与祝英台同窗的地方。书院位于西湖南缘凤凰山万松岭，三面环山，一面环水，旁边即是"浓妆淡抹总相宜"的西湖。清代康熙、乾隆两帝南巡时，分别赐额"浙水敷文"、"湖山萃秀"。梁祝之恋使万松书院成为男女婚姻一线牵的姻缘之地，名声远播省内各地，故而取名"万松书缘"（图 6-1-2-167～图 6-1-2-175）。

图6-1-2-167　杭州西湖风景名胜区万松书缘
景观之一

图6-1-2-168　杭州西湖风景名胜区万松书缘
景观之二

图6-1-2-169　杭州西湖风景名胜区万松书缘
景观之三

图6-1-2-170　杭州西湖风景名胜区万松书缘
景观之四

图6-1-2-171　杭州西湖风景名胜区万松书缘
景观之五

图6-1-2-172　杭州西湖风景名胜区万松书缘
景观之六

图6-1-2-173　杭州西湖风景名胜区万松书缘
景观之七

图6-1-2-174　杭州西湖风景名胜区万松书缘
景观之八

图6-1-2-175　杭州西湖风景名胜区万松书缘
景观之九

6）钱祠表忠

钱王祠旧名表忠观，供奉钱氏三世五代国王。钱王祠在宋代初名"表忠观"，清代以后则通称为钱王祠。祠内有苏轼撰书的《表忠观碑记》，是中国书法史上的名碑，叙述了吴越国三代钱王在天下大乱、民不聊生的五代时期，奉行中原正朔，不失臣节，消弭兵戈，安居人民，最终纳土归宋的事迹，褒扬了历代钱王的功绩，认为"有德于斯民甚厚""有功于朝廷甚大"。

2003年，在保护原有遗迹的前提下，配合西湖水体景观，钱王祠重新复建，成为西湖南线集游览观赏、文化展示、历史研究于一体的园林景点和研究吴越文化的重要基地。景名"钱祠表忠"，既写出了杭州百姓对于钱王功德的永世不忘，更表现出西湖深厚的历史文化底蕴（图6-1-2-176～图6-1-2-183）。

图6-1-2-176　杭州西湖风景名胜区钱祠表忠
景观之一

图6-1-2-177　杭州西湖风景名胜区钱祠表忠
景观之二

图6-1-2-178　杭州西湖风景名胜区钱祠表忠
景观之三

图6-1-2-179　杭州西湖风景名胜区钱祠表忠
景观之四

图6-1-2-180　杭州西湖风景名胜区钱祠表忠
景观之五

图6-1-2-181　杭州西湖风景名胜区钱祠表忠
景观之六

图6-1-2-182　杭州西湖风景名胜区钱祠表忠
景观之七

图6-1-2-183　杭州西湖风景名胜区钱祠表忠
景观之八

7）湖滨晴雨

　　湖滨地区保留下来的老建筑主要是辛亥革命以后的民居、旅馆、店铺、小别墅等类型。小庭院、小巷、小天井、灰色的两坡顶、骑楼、灰砖墙、檐口、石库门、木门窗等建筑元素再现在新湖滨的各个角落。由于湖滨位于西湖和城区的接壤之地，三面云山一面湖，因此也是品鉴阴晴雨雾的好地方，尤其是多雨时节，漫步湖滨，烟雨蒙蒙，水天一色。杭州有句名谚"晴湖不如雨湖，雨湖不如月湖，月湖不如雪湖"（图 6-1-2-184～图 6-1-2-188）。

图6-1-2-184　杭州西湖风景名胜区湖滨晴雨
景观之一

图6-1-2-186　杭州西湖风景名胜区湖滨晴雨
景观之三

图6-1-2-185　杭州西湖风景名胜区湖滨晴雨
景观之二

图6-1-2-187　杭州西湖风景名胜区湖滨晴雨
景观之四

图6-1-2-188　杭州西湖风景名胜区湖滨晴雨景观之五

8）岳墓栖霞

岳王庙是为纪念民族英雄岳飞而建，始建于南宋嘉定十四年（1221），明景泰年间改称忠烈庙，经历了近800年时兴时废，代代相传一直保存到现在。现存建筑于清康熙五十四年（1715）重建，1979 年全面整修，使岳庙更加庄严肃穆。岳王庙位于杭州市栖霞岭南麓，每年入秋，栖霞岭上红枫似火，望之如霞。"岳墓栖霞"景名中的"栖霞"既借用了岳墓所在地栖霞岭的地名，同时又借喻岳飞的碧血丹心，精忠报国，还摹写了《满江红》中所描述的"八千里路云和月"的意境。离离墓草映栖霞，"岳墓栖霞"这一景名也为西湖增添了历史沧桑感（图 6-1-2-189～图 6-1-2-195）。

图6-1-2-189 杭州西湖风景名胜区岳墓栖霞
景观之一

图6-1-2-190 杭州西湖风景名胜区岳墓栖霞
景观之二

图6-1-2-191 杭州西湖风景名胜区岳墓栖霞
景观之三

图6-1-2-192 杭州西湖风景名胜区岳墓栖霞
景观之四

图6-1-2-193 杭州西湖风景名胜区岳墓栖霞
景观之五

图6-1-2-194　杭州西湖风景名胜区岳墓栖霞
景观之六

图6-1-2-195　杭州西湖风景名胜区岳墓栖霞
景观之七

9）六和听涛

六和塔位于西湖之南，钱塘江畔月轮山上。北宋开宝三年（970），当时杭州为吴越国国都，吴越王为镇住钱塘江潮水，派僧人智元禅师建造了六和塔，现在的六和塔塔身重建于南宋。取佛教"六和敬"之义，命名为六和塔。六和塔又名六合塔，取"天地四方"之意。

六和塔原建塔身九级，顶上装灯，为江船导航。宣和五年（1123），塔被烧毁。南宋绍兴年间重建。明正统二年（1437），修顶层和塔刹，清光绪二十五年（1899），重建塔外木结构。乾隆皇帝游此，为每层依次题字立匾，此况实属罕见。现存六和塔，平面八角形，外观八面十三层，内分七级。高59.88米，占地888平方米。塔身自下而上塔檐逐级缩小，塔檐翘角上挂了104只铁铃。"十万军声半夜潮"，在"群峰可俯拾"的六和塔上，听涛比观潮更需专一用心，更易启发遐思，心领神会，体味万千意象，"六和听涛"因此而得名（图6-1-2-196～图6-1-2-202）。

图6-1-2-196　杭州西湖风景名胜区六和听涛
景观之一

图6-1-2-197　杭州西湖风景名胜区六和听涛
景观之二

图6-1-2-198　杭州西湖风景名胜区六和听涛
景观之三

图6-1-2-199　杭州西湖风景名胜区六和听涛
景观之四

图6-1-2-200　杭州西湖风景名胜区六和听涛
景观之五

图6-1-2-201　杭州西湖风景名胜区六和听涛
景观之六

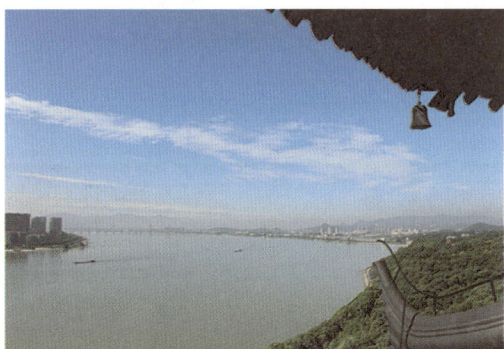

图6-1-2-202　杭州西湖风景名胜区六和听涛
景观之七

10）灵隐禅踪

　　灵隐景区包括灵隐寺和飞来峰。灵隐寺建于东晋咸和元年（326），是杭州禅寺的最早踪迹，寺名来自创建者印度僧人慧理所说的"佛在世日，多为仙灵所隐"。相传1600多年前印度僧人慧理来杭州，看到这里山峰奇秀，以为是"仙灵所隐"，就在这里建寺，取名灵隐。

飞来峰又名灵鹫峰，山高 168 米，山体由石灰岩构成，与周围群山迥异，印度僧人慧理称："此乃中天竺国灵鹫山之小岭，不知何以飞来？"故称"飞来峰"。在其岩洞与沿溪的峭壁上共刻有五代、宋、元时期的摩崖造像 345 尊，其中尤以元代藏传佛教（喇嘛教）造像最为珍贵，堪称我国石窟造像艺术中的瑰宝。由于灵隐周边有上天竺山、莲花峰等名山，佛音庄严，禅意隐现，所以禅踪乃是灵隐山水的境界所在，故取名为"灵隐禅踪"（图 6-1-2-203～图 6-1-2-218）。

图6-1-2-203 杭州西湖风景名胜区灵隐禅踪景观之一

图6-1-2-204 杭州西湖风景名胜区灵隐禅踪景观之二

图6-1-2-205 杭州西湖风景名胜区灵隐禅踪景观之三

图6-1-2-206 杭州西湖风景名胜区灵隐禅踪景观之四

图6-1-2-207　杭州西湖风景名胜区灵隐禅踪
景观之五

图6-1-2-208　杭州西湖风景名胜区灵隐禅踪
景观之六

图6-1-2-209　杭州西湖风景名胜区灵隐禅踪
景观之七

图6-1-2-210　杭州西湖风景名胜区灵隐禅踪
景观之八

图6-1-2-211　杭州西湖风景名胜区灵隐禅踪
景观之九

图6-1-2-212　杭州西湖风景名胜区灵隐禅踪
景观之十

图6-1-2-213　杭州西湖风景名胜区灵隐禅踪
景观之十一

图6-1-2-214　杭州西湖风景名胜区灵隐禅踪
景观之十二

图6-1-2-215 杭州西湖风景名胜区灵隐禅踪
景观之十三

图6-1-2-216 杭州西湖风景名胜区灵隐禅踪
景观之十四

图6-1-2-217 杭州西湖风景名胜区灵隐禅踪
景观之十五

图6-1-2-218 杭州西湖风景名胜区灵隐禅踪
景观之十六

6.1.3 特色景观

1. 文化遗迹

1）保俶塔

保俶塔是西湖景观标志性的佛教建筑之一，始建于北宋太平兴国元年（976）。在西湖景观整体视域空间中，与雷峰塔形成著名的"保俶如美女，雷峰如老衲"的南北对景。塔位于西湖北侧的宝石山东端山脊，初建时原为楼阁式砖木结构，宋、元以后几经毁建，现存砖塔为1933年重点修复后的遗物。塔身比例修长挺秀，包括塔基、塔身、塔刹三部分，塔基及塔身均为八角形平面，共七层，通高45.3米。该塔在18世纪的"西湖十八景"和"杭州二十四景"中题名为"宝石凤亭"（图6-1-3-1～图6-1-3-3）。

图6-1-3-1　杭州西湖风景名胜区保俶塔景观之一

图6-1-3-2　杭州西湖风景名胜区保俶塔景观之二

图6-1-3-3　杭州西湖风景名胜区保俶塔景观之三

2）雷峰塔遗址

雷峰塔是西湖景观标志性的佛教建筑之一，始建于北宋太平兴国二年（977），是中国现存的最大八角形双筒结构佛塔的遗址。它是南宋"西湖十景"之一"雷峰夕照"最重要的景观元素，也是吴越国时期王家崇佛的重要物证；曾因中国最著名的爱情民间传说《白蛇传》而闻名于世，至今仍在中国人民心中具有爱情的象征意义。雷峰塔遗址由塔基、副阶、塔身、地宫等部分组成，南宋及后代重点修复的外围遗迹有僧房、道路等。

塔的主体部分为八角形生土台基，土台外缘包砖砌石，基座为石砌须弥座。塔身八角形，对径 25 米，现残存最底层，高 3～5 米，为套筒式回廊结构。雷峰塔地宫建于塔基正中心的塔心室下方，为竖穴式单室，平面呈方形，内壁边长 0.6 米，深 0.72 米，地宫内共出土文物 51 件（组）等级高、制作精，代表了吴越国在金银器、玉器、铜器制作方面的最高艺术水平，它的发掘填补了五代十国时期中国佛塔地宫考古的空白（图 6-1-3-4 和图 6-1-3-5）。

图6-1-3-4　杭州西湖风景名胜区雷峰塔遗址景观之一

图6-1-3-5　杭州西湖风景名胜区雷峰塔遗址景观之二

3）灵隐寺

灵隐寺始建于东晋咸和元年（326），相传为印度僧人慧理所建，是杭州地区最早的佛教建筑群，在10～13世纪的"东南佛国"时期拥有显著地位，13世纪，南宋时期与净慈寺同属于国家最高等级佛教寺庙"五山十刹"当中，迄今仍是我国东南沿海地区最重要的佛教活动场所之一，也是西湖景观传衍至今的佛教文化的最重要场所（图6-1-3-6～图6-1-3-8）。

图6-1-3-6　杭州西湖风景名胜区灵隐寺
景观之一

图6-1-3-7　杭州西湖风景名胜区灵隐寺景观之二

图6-1-3-8　杭州西湖风景名胜区灵隐寺景观之三

4）西泠印社

西泠印社创立于清光绪三十年（1904）、是中国最早的全国性金石篆刻研究学术团体，"人以印集、社以地名"，社团建设发展 100 余年，几乎汇集了全国一流文化名家。西泠印社社址由园林建筑群组成，位于西湖景观的又一精华之处。社址南至白堤，西近西泠桥，北邻西里湖，占地面积 5758 平方米，建筑总面积 1749 平方米。西泠印社总体布局可分为四组建筑群，包括山前柏堂建筑群、前山山川雨露图书馆—凉堂建筑群、山顶观乐楼—华严经塔建筑群、后山还朴精庐—鉴亭建筑群，内有各类题名古建筑 23 处、泉池 4 眼、石塔 1 座、经幢 1 处，造像 4 尊。社内园林精雅，景致幽绝，人文景观荟萃，摩崖题刻随处可见。社址于 2001 年列为中国第五批全国重点文物保护单位，篆刻艺术于 2006 年列入第一批国家级非物质文化遗产名录（图 6-1-3-9～图 6-1-3-12）。

图6-1-3-9　杭州西湖风景名胜区西泠印社景观之一

图6-1-3-10　杭州西湖风景名胜区西泠印社景观之二

图6-1-3-11　杭州西湖风景名胜区西泠印社景观之三

图6-1-3-12　杭州西湖风景名胜区西泠印社景观之四

5）文澜阁

文澜阁是我国唯一保持着书、阁共存的清代皇家敕建《四库全书》的著名的藏书楼，为中国历史悠久的藏书文化传统提供了独特的见证，是西湖景观拥有丰厚文化的物证之一。此阁始建于清乾隆四十九年（1784），是清乾隆年间为珍藏《四库全书》而在全国范围内修建的七大官府藏书阁之一，也是江南三阁中仅存的一阁。

　　文澜阁位于西湖北部孤山的南坡，建于清行宫藏经堂的后部。现存文澜阁及其建筑院落为清光绪六年（1880）重建，坐北朝南，为小型园林式院落。院落分南、北两进，总面积约2899平方米。文澜阁位于院落北端，阁前为水池，阁东有御碑亭，阁西为游廊。文澜阁建筑外观为硬山两坡顶的两层木构楼阁，为典型的江南楼阁建筑风格（图6-1-3-13～图6-1-3-17）。

图6-1-3-13　杭州西湖风景名胜区文澜阁
景观之一

图6-1-3-14　杭州西湖风景名胜区文澜阁
景观之二

图6-1-3-15　杭州西湖风景名胜区文澜阁
景观之三

图6-1-3-16　杭州西湖风景名胜区文澜阁
景观之四

图6-1-3-17　杭州西湖风景名胜区文澜阁
景观之五

6）六和塔

六和塔是中国现存最完好的砖木结构古塔的杰出代表之一。六合塔，取"天地四方"之意，始建于北宋开宝三年（970），是吴越国国王为镇压钱塘江潮水而建造的佛教建筑。此塔位于西湖南岸以南约3.8公里，钱塘江北岸月轮峰上，坐北朝南，占地946平方米，总高59.89米，平面呈八角形，外观十三层。现存塔身砖砌，檐廊木构，其中砖塔芯为南宋隆兴二年（1164）重建，外部木檐系清光绪二十五年（1899）所建，塔刹为元代元统二年（1334）重点修复的遗物。18世纪曾列入题名景观"杭州二十四景"（图6-1-3-18～图6-1-3-20）。

图6-1-3-18　杭州西湖风景名胜区六和塔
景观之一

图6-1-3-19　杭州西湖风景名胜区六和塔
景观之二

图6-1-3-20　杭州西湖风景名胜区六和塔
景观之三

7）净慈寺

公元954年五代吴越国时期始建的佛教建筑群中，净慈寺当时为西湖周围300多座寺院之首，13世纪南宋时期曾列为国家最高等级佛教寺庙"五山十刹"之一，该寺曾是我国东南沿海地区最重要的佛教活动场所之一，是南宋"西湖十景"之一中"南屏晚钟"重要的景观元素，见证了杭州地区在10～13世纪时作为"东南佛国"的显著地位，以及佛教文化兴盛对西湖景观的直接影响。

寺院坐落在南屏山中峰慧日峰下，历代沿用和修建，先其清代的基本格局依然保存。整座寺院坐南朝北，中轴线上自北至南包括照壁、放生池和三进建筑院落。建筑院落面积约 18 998 平方米，中轴线上北端第一进院落包括山门、大殿及东西两侧钟鼓楼，向南的第二进院落包括三圣殿和东西辅助用房，第三进院落为舍利殿。中轴东、西两侧各有现代新建的佛寺建筑院落。净慈寺铜钟与寺院同期始建，现铜钟为 1984 年日本佛教界捐铸，悬于山门西南之钟楼。铜钟按传统样式重铸，高 3 米，直径 2.3 米，重达 10 余吨，每敲一下，余音 2 分钟之久。钟体内外，镌铸《妙法莲华经》（图 6-1-3-21～图 6-1-3-24）。

图6-1-3-21　杭州西湖风景名胜区净慈寺景观之一

图6-1-3-22　杭州西湖风景名胜区净慈寺景观之二

图6-1-3-23　杭州西湖风景名胜区净慈寺景观之三

图6-1-3-24　杭州西湖风景名胜区净慈寺景观之四

8）飞来峰造像

飞来峰造像是中国汉族地区供奉藏传佛教造像最多的摩崖石刻造像群，具有极高的民族文化交流价值，在 13～14 世纪的中国石刻艺术史上有不可或缺的地位。造像群位于北高峰南麓，与灵隐寺之间以冷泉溪相隔，距西湖西岸约 3 公里。该石窟，以元代藏传佛教造像最为突出。造像主要分布在飞来峰东北山脚下自南向北排列的青林洞、玉乳洞、龙泓洞等天然溶洞内，以及北面冷泉溪沿岸的东西向长约 500 米的崖壁上，此外在西侧呼猿洞外的悬崖上以及峰顶神尼塔遗址附近也有少量分布。现存造像115龛、390余尊和大量摩崖石刻（图6-1-3-25～图6-1-3-31）。

图6-1-3-25　杭州西湖风景名胜区飞来峰造像
景观之一

图6-1-3-26　杭州西湖风景名胜区飞来峰造像
景观之二

图6-1-3-27　杭州西湖风景名胜区飞来峰造像
景观之三

图6-1-3-28　杭州西湖风景名胜区飞来峰造像
景观之四

图6-1-3-29　杭州西湖风景名胜区飞来峰造像
景观之五

图6-1-3-30　杭州西湖风景名胜区飞来峰造像
景观之六

图6-1-3-31　杭州西湖风景名胜区飞来峰造像景观之七

9）龙井

龙井是极具传统文化与精神意义的中国茶文化的重要历史场所，风篁岭与龙井寺的重要遗存。龙井是始筑于三国时期（220～265）的泉池，后属龙井寺，见证了龙井茶伴随佛教传播行为发展的重要历史，佐证了明清之后龙井茶的声誉与影响。龙井位于西湖西南风篁岭上龙井寺内，井呈圆形，圈内径2.4米，并外饰云纹，井深2.6米，清澈见底，井内为发育在石灰岩中的天然喀斯特泉（图6-1-3-32和图6-1-3-33）。

图6-1-3-32　杭州西湖风景名胜区龙井景观之一

图6-1-3-33　杭州西湖风景名胜区龙井景观之二

10）岳飞墓（庙）

岳飞墓（庙）是中国家喻户晓的传统忠孝文化传统的楷模、中国历史上最著名的抗金英雄岳飞的祠墓，始建于南宋隆兴元年（1163）。忠孝文化传统是维系中国几千年封建社会秩序稳定，伦理道德、行为规范的核心文化传统和说教，在中国传统文化中具有广泛、持久的影响，也是西湖景观所特有的文化特色。岳飞墓（庙）作为人们祭祀、悼念与接受爱国教育的场所，是中国传统道德的重要教育基地，对后世的中国人产生了普遍的教育意义，见证了中国血缘社会的忠孝文化传统及其对西湖景观的直接影响。祠墓位于西湖北面栖霞岭南麓，北山路北侧，南距西湖北岸约150米，自元明清以来历经多次重点修复。在 21 世纪的"三评西湖十景"中题名为"岳墓栖霞"。现存格局为清代重点修复后形成，占地 15 695 平方米，建筑面积 2793 平方米，分为墓园、忠烈祠、启忠祠三部分。其中忠烈祠和启忠祠建筑群是岳飞墓的附属建筑，为清康熙年间（1622～1722）重建，现存建筑仍保留清代格局和建筑风格（图 6-1-3-34）。

图6-1-3-34　杭州西湖风景名胜区岳飞墓（庙）景观

11）放鹤亭

放鹤亭及林逋墓是中国北宋时期最具代表性的隐逸诗人林逋（967～1028）的纪念地，是中国传统文人士大夫追求隐逸文化的独特见证。林逋曾筑庐舍于西湖孤山，隐居二十余年，足迹不到城市，不仕不娶，日以赋诗作画、栽梅饲鹤自娱，人称"梅妻鹤子"，死后葬于西湖孤山北麓东端。宋后的文人因景仰林逋淡然超脱的隐逸风节而在其墓冢周围遍植梅林，并立碑纪念，从而形成清雍正年间十八景之一的"梅林归鹤"，现存遗迹包括舞鹤赋刻石、林逋墓及放鹤亭等（图 6-1-3-35）。

舞鹤赋刻石立于放鹤亭中，始建于清康熙三十五年（1696），碑上刻有康熙皇帝临摹的董其昌《舞鹤赋》书法作品。《舞鹤赋》文的作者为南朝宋著名文人鲍照，该文以吟咏仙鹤优雅出众的形貌和体态特征、高下回翔的美妙舞动姿态，比喻君子超凡脱俗的风节和情怀。推崇林逋隐士风范的舞鹤赋刻石，是中国传统文人士夫追求"隐逸文化"的见证（图 6-1-3-36）。

图6-1-3-35　杭州西湖风景名胜区放鹤亭
景观之一

图6-1-3-36　杭州西湖风景名胜区放鹤亭
景观之二

林逋墓位于放鹤亭西南23米的台地上，坐南朝北，始建于北宋（11世纪），南宋咸淳间（1265～1274）设墓碑，现存墓冢、墓碑等遗存为清代重点修复（图6-1-3-37）。

图6-1-3-37　杭州西湖风景名胜区放鹤亭景观之三

12）清行宫遗址

清行宫是清代多位帝王出行西湖时的居住之地，始建于清康熙四十四年（1705），现存有建筑园林遗址遗迹。它见证了18世纪上半叶清代康熙、乾隆南巡杭州，并对"西湖十景"进行"康熙钦定""乾隆题词"的史实，以及西湖景观因获得皇家推崇而再度振兴这一重要历史事件。行宫位于孤山南麓中部，南临西湖，整体院落坐北朝南，南部为建筑院落，北部为因借孤山地形建造的后苑。院落和园林的整体格局基本保存，建筑遗迹较为丰富，包括院墙墙基、头宫门、垂花门遗址、楠木寝宫遗址、鹫香庭遗址、玉兰馆遗址等。后苑现存"行宫八景"的部分园林建筑遗迹，包括鹫香庭、玉兰馆、戏台、贮月泉、领要阁、御碑亭、绿云径、四照亭等（图6-1-3-38～图6-1-3-40）。

图6-1-3-38　杭州西湖风景名胜区清行宫遗址
景观之一

图6-1-3-39　杭州西湖风景名胜区清行宫遗址
景观之二

2. 植物景观

杭州园林除了湖光山色的自然因素外，还以植物景观取胜。植物景观之所以引人入胜，首先是在规划建设中坚持以营造当地自然群落的生态理念为指导，充分顺应植物造景自然规律；其次，突出了量，乔木、灌木、草本地被各层植物均成片栽植，充分展现没有量就没有美的规律；再次，充分运用丰富多彩的乡土植物资源，组成各种专类园，并以

图6-1-3-40　杭州西湖风景名胜区清行宫遗址景观之三

植物结合地形起伏来分隔空间，使园林景色更趋自然，在植物空间中配植出多种植物景观，如孤立树、树丛、树群、树坛、各种类型的草地及五光十色的宿根、球根花卉等；最后，在植物造景中艺术性运用非常高超，景点立意、命题恰当、意境深远，季相色彩丰富，植被景观饱满，轮廓线变化有致。

杭州西湖植物景观营造中季相是极为重要的，讲究春花、夏叶、秋实、冬干，通过合理配植，达到四季有景。宋朝欧阳修诗曰："深红浅白宜相间，先后仍须次第栽，我欲四时携酒赏，莫叫一日不花开。"杭州植物景观中有突出一季景色的，如春景或秋景，也有兼顾四季景色的。春季主要观花树种有杜鹃、玉兰、含笑、碧桃、樱花、绣线菊、海棠、迎春等；夏景主要为荷花、睡莲、广玉兰、栀子、石榴、木槿、紫薇等；秋景主要为色叶树种，如各种槭树、无患子、枫香、乌桕、银杏、麻栎等，还有桂花香味相伴；冬景主要观花树种为梅花、蜡梅、山茶等。还有斑皮抽水树、天目紫堇、天目木姜子、豹皮樟、油柿、悬铃木等观干树种。林冠线变化也是植物景观重要的方面，林冠线轮廓由于树种组成不同，艺术效果相差很大，西湖边上种植单一同龄的水杉林，隔西湖而望，林冠线显得单调、平直，宜采用异龄林，或有意将地形处理成高低有节奏起伏，使林冠线打破平直而富于变化，既显出尖峭高耸，也有一定的韵律感，并与背后西山山峰轮廓相协调（图 6-1-3-41～图 6-1-3-58）。

图6-1-3-41　杭州西湖风景名胜区春季植物景观之一

图6-1-3-42　杭州西湖风景名胜区春季植物景观之二

图6-1-3-43　杭州西湖风景名胜区春季植物
景观之三

图6-1-3-44　杭州西湖风景名胜区春季植物
景观之四

图6-1-3-45　杭州西湖风景名胜区夏季植物
景观之一

图6-1-3-46　杭州西湖风景名胜区夏季植物
景观之二

图6-1-3-47　杭州西湖风景名胜区夏季植物
景观之三

图6-1-3-48　杭州西湖风景名胜区夏季植物
景观之四

图6-1-3-49　杭州西湖风景名胜区夏季植物
景观之五

图6-1-3-50　杭州西湖风景名胜区夏季植物景观之六

图6-1-3-51　杭州西湖风景名胜区秋季植物景观之一

图6-1-3-52　杭州西湖风景名胜区秋季植物景观之二

图6-1-3-53　杭州西湖风景名胜区秋季植物景观之三

图6-1-3-54　杭州西湖风景名胜区秋季植物景观之四

图6-1-3-55　杭州西湖风景名胜区冬季植物景观之一

图6-1-3-56　杭州西湖风景名胜区冬季植物景观之二

图6-1-3-57　杭州西湖风景名胜区冬季植物
景观之三

图6-1-3-58　杭州西湖风景名胜区冬季植物
景观之四

6.2　西溪国家湿地公园

6.2.1　基本概况

　　杭州历史上曾有西湖、西溪、西泠并称"三西"之说。西溪国家湿地公园
(xixiwetland.com.cn) 位于杭州城市西部，距离杭州主城区武林门只有6公里，距西
湖仅5公里。西溪湿地公园总面积约为11.5平方公里，有秋芦飞雪、高庄宸迹、渔村
烟雨、河渚听曲、深潭会舟、曲水寻梅、火柿映波、莲滩鹭影、洪园余韵、蒹葭泛月
等知名景点（图6-2-1-1～图6-2-1-4）。

　　西溪是国内唯一的集城市湿地、农耕湿地和文化湿地于一体的罕见湿地，蕴涵
了"梵""隐""俗""闲""野"五大主题文化要素，分区特征为"南隐""北俗""东
闹""西静"。西溪国家湿地公园曾获得"中国第一个国家湿地公园""中国湿地博物
馆""国家环保科普基地""全国科普教育基地""国家生态文明教育基地"等荣誉称
号（图6-2-1-5～图6-2-1-11）。

图6-2-1-1　杭州西溪国家湿地公园入口景观之一

图6-2-1-2　杭州西溪国家湿地公园入口景观之二

图6-2-1-3　杭州西溪国家湿地公园入口景观之三

图6-2-1-4　杭州西溪国家湿地公园游览示意图

图6-2-1-5　杭州西溪国家湿地公园景观之一

图6-2-1-6　杭州西溪国家湿地公园景观之二

图6-2-1-7　杭州西溪国家湿地公园景观之三

图6-2-1-8　杭州西溪国家湿地公园景观之四

图6-2-1-9　杭州西溪国家湿地公园景观之五

图6-2-1-10　杭州西溪国家湿地公园
景观之六

图6-2-1-11　杭州西溪国家湿地公园景观之七

6.2.2　景点赏析

1．秋芦飞雪

西溪湿地的秋芦飞雪所处地理位置在蒹葭深处，四面河流溪水环绕，东面秋雪滩上的芦花摇曳，一经风吹，花白而轻如棉絮，随风飞扬，如漫天飘雪，到了秋高气爽的日子，游人可以泛舟徐徐融入芦苇的世界，也可以站在高处纵目远眺，放眼览观这名列西溪湿地景观之首的无边芦花。区域内的秋雪庵，初名大圣庵，始建于宋。庵水周四隅，蒹葭弥望，花时如雪。陈继儒取唐人"秋雪濛钓船"诗意，题名"秋雪"（图6-2-2-1和图6-2-2-2）。

图6-2-2-1　杭州西溪国家湿地公园秋芦飞雪
景观之一

图6-2-2-2　杭州西溪国家湿地公园秋芦飞雪
景观之二

2．高庄宸迹

高庄，又名西溪山庄，始建于清顺治十四年（1657）至康熙三年（1664），是清代高士奇在西溪的别墅。高士奇，字澹人，号江村、瓶庐，又号竹窗，钱塘人（今杭州市）。高士奇学识渊博，能诗文，擅书法，精考证，善鉴赏，被清人比作李白、宋濂一流人物，所藏书画甚富。康熙二十八年（1689），康熙南巡时，曾临幸西溪山庄，并赐"竹窗"二字和诗一首。现恢复的高庄由高宅、竹窗、捻花书屋、桐荫堂、蕉园诗社等建筑组成，再现了当年康熙皇帝临幸高庄的历史场景（图6-2-2-3～图6-2-2-5）。

3．渔村烟雨

渔村烟雨地处西溪腹地，原为西溪自然村落，2005年西溪一期综保工程中予以

图6-2-2-3　杭州西溪国家湿地公园高庄宸迹
景观之一

图6-2-2-4　杭州西溪国家湿地公园高庄宸迹
景观之二

图6-2-2-5　杭州西溪国家湿地公园高庄宸迹
景观之三

修缮。有西溪酿酒、婚嫁、桑蚕、渔耕等民俗农事展示及餐饮设施。其周水塘交错、环境幽静、树木繁荫，尤适雨至，凸显"一曲溪流一曲烟"的迷人景色（图6-2-2-6～图6-2-2-9）。

图6-2-2-6　杭州西溪国家湿地公园渔村烟雨
景观之一

图6-2-2-7　杭州西溪国家湿地公园渔村烟雨
景观之二

图6-2-2-8　杭州西溪国家湿地公园渔村烟雨
景观之三

图6-2-2-9　杭州西溪国家湿地公园渔村烟雨
景观之四

4. 河渚听曲

河渚是西溪湿地的一处古地名，在西溪东北。恢复的河渚街是游客休闲、购物的场所，展示西溪特有的民俗文化和西溪物产等。河渚听曲以河渚街为中心，辐射古荡、蒋村集市及周边区域，着重体现当地为北派越剧首演地的特殊地位，以及延绵至今依旧生生不息、绚丽多彩的民俗文化。目前，已专门成立西溪越剧团，不定期的在河渚街蒋相公庙古戏台彩排演出，以丰富人们的业余文化生活（图6-2-2-10和图6-2-2-11）。

图6-2-2-10　杭州西溪国家湿地公园河渚听曲景观之一

图6-2-2-11　杭州西溪国家湿地公园河渚听曲景观之二

5. 深潭会舟

自古以来，每年农历端午节，西溪四邻八方之龙舟胜会于此，这一传统民俗活动至今长盛不衰。相传乾隆皇帝南巡江南，曾在深潭口观赏蒋村龙舟，欣而口敕"龙舟胜会"。自此蒋村龙舟声名远播。现在，每年端午龙舟胜会，深潭口河道两岸人声鼎沸，热闹非常，古戏台上戏曲、武术、舞龙舞狮精彩纷呈，水中几百条龙舟来往穿梭，试比高低，这项象征西溪人勇猛顽强、百折不挠、追求美好生活的民俗活动，已成为西溪旅游文化活动的金名片（图 6-2-2-12～图 6-2-2-14）。

图6-2-2-12　杭州西溪国家湿地公园深潭会舟景观之一

图6-2-2-13　杭州西溪国家湿地公园深潭会舟景观之二

图6-2-2-14　杭州西溪国家湿地公园深潭会舟景观之三

6. 曲水寻梅

西溪的梅花主要在南宋辇道沿线，自古就非常著名，吸引了众多文人雅士前来赏梅。冷淡生活茶轩正好印证了古人"竹下映梅，深静幽彻，到此令人名利俱冷"的意境。现在西溪蒋村港，夹岸梅花成林，浑然朴野，荡舟溪上欣赏暗香浮动，体现"过客探幽休问径，雪香深处是西溪"的美妙意境（图 6-2-2-15～图 6-2-2-18）。

图6-2-2-15　杭州西溪国家湿地公园曲水寻梅
景观之一

图6-2-2-16　杭州西溪国家湿地公园曲水寻梅
景观之二

图6-2-2-17　杭州西溪国家湿地公园曲水寻梅
景观之三

图6-2-2-18　杭州西溪国家湿地公园曲水寻梅
景观之四

7. 火柿映波

柿基鱼塘、桑基鱼塘是几千年农耕劳作形成的西溪湿地特定地貌。在西溪星罗棋布的池塘的塘基上遍布着大大小小的柿树，光百年以上的老柿树就有 4000 多株。柿树既起着固堤、护堤的作用，同时也构成西溪一道绝佳的风景，尤其到了秋天，天高云淡，风清气爽，柿子熟的时候，柿叶也变红了，这时更有芦、获互为映照，芦白柿红，令人心醉（图 6-2-2-19 和图 6-2-2-20）。

图6-2-2-19　杭州西溪国家湿地公园火柿映波
景观之一

图6-2-2-20　杭州西溪国家湿地公园火柿映波
景观之二

8. 莲滩鹭影

西溪综保工程，极大地改善并恢复了生态环境，西溪已成了鸟类和各种湿地生物的天堂。莲花滩生态保护区位于西溪腹地，是西溪主要的观鸟区，植被丰茂，绿水环绕，鹭鸟飞翔天际，鸣禽宛转丛林，生意盎然，野趣纷呈（图 6-2-2-21 和图 6-2-2-22）。

图6-2-2-21　杭州西溪国家湿地公园莲滩鹭影
景观之一

图6-2-2-22　杭州西溪国家湿地公园莲滩鹭影
景观之二

9. 洪园余韵

洪氏家族是宋、明、清时期著名的"钱塘望族"，明尚书洪钟晚年归隐于西溪五常，建洪园为休憩吟咏之所，槿篱茅舍，小桥横溪，此后洪氏家族在五常繁衍生息数百年，涌现出了洪楩、洪升等一批历史名人。当年，洪钟承先世遗业，青缃盈积。构书楼，课子弟，闲与老农村翁究晴雨、话桑麻，怡然自乐。后来复建，尽现园内峰石崩云，花木扶疏胜景，体现宁静淡泊、远离喧嚣的归隐文化（图 6-2-2-23～图 6-2-2-27）。

图6-2-2-23　杭州西溪国家湿地公园洪园余韵
景观之一

图6-2-2-24　杭州西溪国家湿地公园洪园余韵
景观之二

图6-2-2-25　杭州西溪国家湿地公园洪园余韵
景观之三

图6-2-2-26　杭州西溪国家湿地公园
洪园余韵景观之四

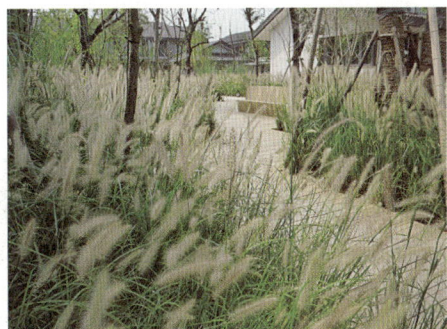

图6-2-2-27　杭州西溪国家湿地公园
洪园余韵景观之五

10. 蒹葭泛月

　　该景点位于五常港东御田里。西溪环迥五常，四周一望沙汀水濑，蒹葭弥望。土风淳厚，有黄橙、红柿、紫菱、香茶之美，四时皆宜，宜秋更宜月。秋深蒹葭吐絮，遇风吹，漫天秋雪。月夜泛舟芦港，四望茫无边际，晶光摇曳，皎洁眩目，月明溪

动，光漾天际。诗人施万于月夜泛舟西溪，有诗写道："白露带蒹葭，月光翻在水。恍若御天风，高歌云汉里。"（图6-2-2-28和图6-2-2-29）。

图6-2-2-28　杭州西溪国家湿地公园蒹葭泛月景观之一

图6-2-2-29　杭州西溪国家湿地公园蒹葭泛月景观之二

6.2.3　特色景观

1. 湿地植物园

湿地植物园总占地约55公顷，是以西溪富有特色的基塘系统、河流滩渚等生态多样性中的湿地植物的展示以及全国范围内水生、湿生植物的收集、栽培和展览为主要内容，以休闲游览、科研科普教育、水生植物的配植示范和引种繁育为主要功能的湿地植物园。目前共培育湿地植物600多种，其中乔木100余种，湿生灌木地被近250种，挺水植物150余种，漂浮植物30余种，浮叶植物50余种，沉水植物30余种（图6-2-3-1～图6-2-3-7）。

图6-2-3-1　杭州西溪国家湿地公园湿地植物景观之一

图6-2-3-2　杭州西溪国家湿地公园湿地植物景观之二

图6-2-3-3 杭州西溪国家湿地公园湿地植物
景观之三

图6-2-3-4 杭州西溪国家湿地公园湿地植物
景观之四

图6-2-3-5 杭州西溪国家湿地公园湿地植物
景观之五

图6-2-3-6 杭州西溪国家湿地公园湿地植物
景观之六

图6-2-3-7 杭州西溪国家湿地公园湿地植物
景观之七

2. 花朝节

　　每年4月初至5月上旬，西溪湿地都会举办特色花朝节。花朝节最主要观赏区域在西溪湿地的绿堤，总长1.8公里的绿堤上有12片主题特色花卉区，分别为：海棠之语、琼花之魅、杜鹃之意、牡丹之韵、梅花之香、紫藤之蔓、山楂之恋、玫瑰之约、铁迷之家、樱花之舞、丁香之歌、百合之美。2015中国杭州·西溪花朝节以"花开杭城 情定西溪"为主题，同时，创新四大布展亮点和五大主题活动，让市民游客畅玩花朝（图6-2-3-8～图6-2-3-20）。

图6-2-3-8　杭州西溪国家湿地公园花朝节景观之一

图6-2-3-9　杭州西溪国家湿地公园花朝节
景观之二

图6-2-3-10　杭州西溪国家湿地公园花朝节
景观之三

图6-2-3-11　杭州西溪国家湿地公园花朝节
景观之四

图6-2-3-12　杭州西溪国家湿地公园花朝节
景观之五

图6-2-3-13　杭州西溪国家湿地公园花朝节
景观之六

图6-2-3-14　杭州西溪国家湿地公园花朝节
景观之七

图6-2-3-15　杭州西溪国家湿地公园花朝节
景观之八

图6-2-3-16　杭州西溪国家湿地公园花朝节
景观之九

图6-2-3-17　杭州西溪国家湿地公园花朝节
景观之十

图6-2-3-18　杭州西溪国家湿地公园花朝节
景观之十一

图6-2-3-19　杭州西溪国家湿地公园花朝节
景观之十二

图6-2-3-20　杭州西溪国家湿地公园花朝节
景观之十三

主要参考文献

安怀起. 2009. 杭州园林. 上海：同济大学出版社.

曹林娣. 2005. 中国园林文化. 北京：中国建筑工业出版社.

曹林娣. 2009. 中国园林艺术概论. 北京：中国建筑工业出版社.

陈从周，路秉杰. 2007. 扬州园林. 上海：同济大学出版社.

陈从周. 1984. 说园. 上海：同济大学出版社.

戴庆钰. 1998. 网师园. 苏州：古吴轩出版社.

董寿琪. 1998. 虎丘. 苏州：古吴轩出版社.

方晓风. 2009. 中国园林艺术. 北京：中国青年出版社.

葛晓音. 1998. 中国名胜与历史文化. 北京：北京大学出版社.

顾小玲. 2004. 景观设计艺术. 南京：东南大学出版社.

顾一平. 2011. 扬州名园记. 扬州：江苏广陵书社有限公司.

过元炯. 1996. 园林艺术. 北京：中国农业出版社.

江海燕. 2013. 中外园林赏析. 重庆：重庆大学出版社.

金学智. 2005. 中国园林美学. 2版. 北京：中国建筑工业出版社.

李斗. 2014. 扬州画舫录. 北京：中国画报出版社.

梁思成. 2006. 中国雕塑史. 天津：百花文艺出版社.

刘滨谊. 1999. 现代景观规划设计. 南京：东南大学出版社.

刘敦桢. 1979. 苏州古典园林. 北京：中国建筑工业出版社.

刘蔓. 2000. 景观艺术设计. 重庆：西南师范大学出版社.

刘托. 2008. 园林艺术. 太原：山西教育出版社.

孟兆祯. 2012. 园衍. 北京：中国建筑工业出版社.

潘谷西. 2001. 江南理景艺术. 南京：东南大学出版社.

彭一刚. 1986. 中国古典园林分析. 北京：中国建筑工业出版社.

乔长富. 2014. 诗文南山. 镇江：江苏大学出版社.

苏雪痕. 1994. 植物造景. 北京：中国林业出版社.

苏州民族建筑学会. 2003. 学会苏州古典园林营造录. 北京：中国建筑工业出版社.

孙筱祥. 2011. 园林艺术及园林设计. 北京：中国建筑工业出版社.

童寯. 1984. 江南园林志. 2版. 北京：中国建筑工业出版社.

汪自力. 2013. 李正治园：一个建筑师的园林畅想. 北京：中国建筑工业出版社.

王虎华. 2012. 扬州瘦西湖. 南京：南京师范大学出版社.

王晓俊. 2009. 风景园林设计. 南京：江苏科学技术出版社.

王燕. 2010. 中国古典园林艺术赏析. 南京：东南大学出版社.

王宗拭. 1998. 拙政园. 苏州：古吴轩出版社.

魏民，等. 2014. 风景园林专业综合实习指导书. 北京：中国建筑工业出版社.

魏民. 2007. 风景园林专业综合实习指导书：规划设计篇. 北京：中国建筑工业出版社.

吴家骅. 2003. 景观形态学. 叶南译. 北京：中国建筑工业出版社.

夕槿. 2014. 狮子林. 苏州：古吴轩出版社.

徐邱. 2014. 留园. 苏州：古吴轩出版社.

徐文涛. 1997. 网师园. 苏州：苏州大学出版社.

杨鸿勋. 2011. 中国古典造园艺术研究：江南园林论. 北京：中国建筑工业出版社.

杨辛，甘霖. 1983. 美学原理. 北京：北京大学出版社.

姚亦锋. 1999. 风景名胜与园林规划. 北京：中国农业出版社.

叶菊华. 2013. 刘敦桢·瞻园. 南京：东南大学出版社.

衣学慧. 2011. 园林艺术. 南京：江苏教育出版社.

余树勋. 2006. 园林艺术与园林美. 北京：中国建筑工业出版社.

俞都. 2014. 虎丘. 苏州：古吴轩出版社.

俞孔坚. 1998. 景观：文化、生态与感知. 北京：科学出版社.

雨牧横山. 2014. 拙政园. 苏州：古吴轩出版社.

张橙华. 1998. 狮子林. 苏州：古吴轩出版社.

郑曙旸. 2002. 景观设计. 杭州：中国美术学院出版社.

中国建筑工业出版社. 2010. 中国古建筑之美：文人园林建筑. 北京：中国建筑工业出版社.

钟程发. 2014. 京口名胜. 镇江：江苏大学出版社.

周维权. 2008. 中国古典园林史. 3版. 北京：清华大学出版社.

周峥. 1998. 留园. 苏州：古吴轩出版社.

朱震峻. 2011. 无锡园林文化（第3辑）. 苏州：古吴轩出版社.

Clouston B. 1992. 风景园林植物配置. 陈自新译. 北京：中国建筑工业出版社.